A FIELD GUIDE TO FOOD PLANTS FOR BUTTERFLIES IN TAIWAN (Vol. 1)

U0118623

大樹經典
自然圖鑑系列
19

台灣蝴蝶

A FIELD GUIDE TO FOOD PLANTS FOR BUTTERFLIES IN TAIWAN (VOL. 1)

林春吉◎著

食草與蜜源植物
大圖鑑（上）

台灣蝴蝶食草與蜜源植物大圖鑑 （上）

A FIELD GUIDE TO FOOD PLANTS FOR BUTTERFLIES IN TAIWAN （Vol.1）

在我迷戀蝴蝶的初期，琉球紫蛺蝶是
最早接觸的彩蝶之一。

現在回想起來，假如沒有歷經那段艱苦的日子，如今對於一般人深感陌生的高山蝶類習性，也不會如此熟悉，精華點滴便是打從那一刻起才源源不絕地吸收，進而蘊釀出浩瀚的知識泉源。那一段歲月是在民國78至83年之間，或許因地利之便，許多以往被視為珍貴的蝶類，久而久之見到牠們的次數，反而變成稀鬆平常，像大紫蛺蝶、黃鳳蝶、馬拉巴綠蛺蝶或白蛺蝶等，感覺就像平地出產的無尾鳳蝶那般容易發現，生態拍攝過程也就順暢無比。

談到蝴蝶生態攝影，那要從我住在梨山的隔年談起，在這之前，對於蝴蝶的興趣僅止於標本蒐集。爾後經由幾位友人的遊說，才逐漸放棄採蝶的行為，改由鏡頭所取代。

其實在我「棄網投影」的初期，曾經掙扎過一段時間，畢竟採集行為也持續十幾年了，那種樂趣一時要放手，並不是那麼容易。爾後在攝影與採集方面不斷發生衝突，以及日漸領悟對於自然生命的尊重，事隔兩年後才完全放棄標本的蒐集。

舉個實例來說，有次在中橫支線南山村附近的森林中，看見一隻井上烏小灰蝶，相信台灣現有的標本不會超過十隻，這麼稀有的蝶類出現在眼前時，原始慾望蠱惑我要採集牠，新觀念則提醒我趕快對焦按下快門，就在左右為難的過程中，蝶隻飛離，結果就是兩頭落空，一次又一次的衝擊累積之後，最終才真正領悟，攝取蝶影生態才是永恆之道。

這些年來，由迷蝶、採蝶、蒐蝶到攝蝶，過往經歷有道不盡的故事，本書僅是節錄部分精華而已，往後若有機會將會陸續出版相關書籍，再與讀者們分享那些喜悅的成果。

馬拉巴綠蛺蝶是台灣最為珍貴稀有的蝶類之一。

追逐寬尾鳳蝶的生態畫面，是全世界愛蝶人士的夢想。

那次逃學在大礁溪初次採獲到枯葉蝶的愉悅心情，依稀記得。

孩提時期，青帶鳳蝶可說是我最大的採集挑戰。

認識台灣蝶類、食草與蜜源植物

常有朋友問我，台灣究竟分佈了多少蝴蝶？我總是回答三百餘種，到底正確的數字又是如何呢？答案很難有個定論。

因為在台灣產的蝶類名錄中，亦記載了許多疑問種、迷蝶及絕滅種類，例如充滿謎團的虎鳳蝶、迷蝶身份的紅粉蝶及絕跡的大紫斑蝶與大樺斑蝶等。

這些具有特殊身分的種類，在不明確的情況下，我們暫時就將牠們排除，目前確定棲息在台灣本地的蝴蝶成員，大約有380種。

那麼這380種蝴蝶的幼生期都已經明瞭了嗎？答案當然是，還有許多種類的生活史未明。不過已瞭解的成員至少占有三分之二以上的種類，其餘的就等待所有愛蝶人士的共同努力，將來勢必有通盤明朗的一天。

台灣蝶類分類

台灣的蝴蝶分類，一向採用日本的分類系統，將台灣的蝶類區分成：鳳蝶科、粉蝶科、斑蝶科、蛇目蝶科、環紋蝶科、蛺蝶科、小灰蛺蝶科、長鬚蝶科、小灰蝶科及挵蝶科等十大科別；其中亦有學者將銀斑小灰蝶及台灣斑小灰蝶獨立成銀斑小灰蝶科，及細蝶獨立成珍蝶科，在此還是將前兩者置放在小灰蝶科中，後者依舊是屬於蛺蝶科的成員。

不過在分類上各有歧見，這些年來，更有一批愛好者與昆蟲學家，採用歐美的分類方式，將多數科別合併一起，而且原有的中文名稱，也更改成中國大陸的名稱，蝶名顯得怪異十足。本書採用的蝶類中名，是在台灣沿用已久的名稱，不能因為少數人的想法，將早已奠定的名稱完全更新，往往會造成很大的困擾和混淆。

斑蝶科 Danaidae

挵蝶科 Hesperiidae

鳳蝶科 Papilionidae

蛺蝶科 Nymphalidae

粉蝶科 Pieridae

小灰蛺蝶科 Riodinidae

蛇目蝶科 Satyridae

長鬚蝶科 Libytheidae

環紋蝶科 Amathusiidae

小灰蝶科 Lycaenidae

什麼是蝴蝶食草

　　食草指的就是蝴蝶幼蟲攝食的植物，也就是所謂的「寄主植物」，它們包含了植物世界中的草本及木本種類。目前已知的台灣蝶類食草，多數為雙子葉植物，其餘則是單子葉植物及裸子植物，蕨類目前尚無紀錄。一般我們也習慣將草本植物稱為「食草」，而木本植物則稱為「食樹」。

　　話雖如此，台灣有少部分的蝶類幼蟲，屬於肉食習性，牠們的幼蟲成長過程中並不會去攝食植物的任何組織，而是以蚜蟲或介殼蟲類維生，如棋石小灰蝶、白紋黑小灰蝶等。

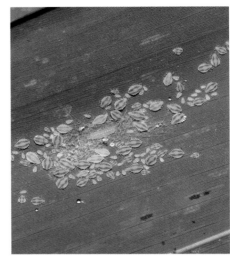

生活在蚜蟲群中的棋石小灰蝶幼蟲，是肉食性昆蟲。

正產卵於草本植物甘藍菜的紋白蝶。

蝴蝶的幼蟲多為草食性（圖為黃裙粉蝶與蘭嶼山柑）。

選擇木本植物阿里山榆產卵中的白鐮紋蛺蝶。

何謂蜜源植物

　　蝴蝶的成蟲在羽化後，多有後食行為，大部分種類必須依賴開花植物的花蜜維生，而那些頻頻有彩蝶造訪的野花，順理成章地也就成為我們口中的「蜜源植物」了。

　　基本上只要是顯花植物，都能夠成為蝶類的蜜源植物，但是由野外的長期觀察經驗得知，植物世界中的雙子葉成員才是蝴蝶蜜源世界中的主角，絕少有蝶類會去遊訪單子葉植物的花叢，這或許與它們的花型結構有關，至於真正的原因，就請大家一起關注來揭曉吧！

馬纓丹也是優良的蜜源植物。

A Field Guide To Food Plants For Butterflies In Taiwan

有骨消的花朵，深受各類彩蝶喜愛。

台灣蝴蝶

A Field Guide To Food Plants For Butterflies In Taiwan

食草大圖鑑

台灣蝴蝶食草

Part.1

地生性
草本植物

糯米團
Gonostegia hirta

◆ 蕁麻科 Urticaceae ◆

　　有一年夏天，在梨山住處附近看見一隻琉球紫蛺蝶正在草地上活動。心想，這裡沒有旋花科植物的分佈，又在中海拔地區，琉球紫蛺蝶到底是以何種植物為寄主呢？片刻之後這隻雌蝶解開了謎團，答案是「糯米團」。後來又在宜蘭雙連埤畔也觀察到同樣的產卵行為，可見琉球紫蛺蝶幼蟲的食性十分寬廣。

　　一般說來，琉球紫蛺蝶以旋花科的甘藷為主要的產卵選擇植物，同時錦葵科的金午時花及桑科的榕樹，也是重要食草之一。而與糯米團連結的蝴蝶成員，還包含了細蝶、姬黃三線蝶及黃三線蝶，牠們也同樣會將卵產於水麻的葉片上，其他多種蕁麻科植物葉片，亦是幼蟲選擇的食物範圍之內。

　　本文的主角「糯米團」，是一種廣泛分佈的地生植物，從平原至海拔兩千公尺山區普遍可見，通常喜愛生長於路旁或溝邊的濕潤環境，而且多半成群出現。

遊訪冇骨消花間的黃三線蝶（雄蝶）。

【攝食蝶種】

細蝶 *Acraea issoria formosana*
姬黃三線蝶 *Symbrenthia hypselis scatinia*
黃三線蝶 *Symbrenthia lilaea formosanus*
琉球紫蛺蝶 *Hypolimnas bolina kezia*

產卵中的琉球紫蛺蝶。

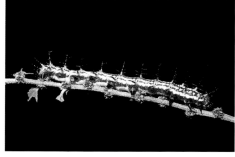

細蝶的終齡幼蟲。

行日光浴中的姬黃三線蝶（雄蝶）。

交尾中的細蝶，上雄蝶下雌蝶。

糯米團。

火炭母草
Polygonum chinense

◆ 蓼科 Polygonaceae ◆

　　蓼科的蓼屬植物，台灣至少分佈40種，它們多為濕生植物。在這麼多的成員中，火炭母草是其中分佈範圍最為廣泛、族群數量也極為普遍的一種，這都要歸功於它那強韌的適應能力，諸如平原泥沼、森林邊緣乃至於高山草原上等截然不同的生育環境都能找到它的蹤跡。

　　拜火炭母草的廣泛分佈之賜，美豔絕倫的紅邊黃小灰蝶，也跟著十分普遍可見。此外，紅邊黃小灰蝶也會選擇八字蓼或酸模等蓼屬植物產卵，只是機率不高。至於像合歡山等高山地區，紅邊黃小灰蝶的主要食草則是虎杖這類的溫帶植物。

　　談到這裡，憶起一段題外話，那是十幾年前發生的往事，筆者到宜蘭雙連埤尋找水生植物時，無意間發現了紅邊黃小灰蝶與八字蓼的親密關係。當時手邊亦拿著魚網，原本想要撈取八字蓼的沉水葉及黃花狸藻，卻意外捕獲了青鱂魚。這種自日據時代就不曾有採集紀錄的珍稀魚類，就這樣再次發現，紅邊黃小灰蝶也就成為穿針引線的功臣。

【攝食蝶種】

紅邊黃小灰蝶
Heliophorus ila matsumurae

紅邊黃小灰蝶的蛹。

紅邊黃小灰蝶的終齡幼蟲。

迷戀於冇骨消花間的紅邊黃小灰蝶（雄蝶）。

火炭母草。

行日光浴中的紅邊黃小灰蝶（雌蝶）。

節花路蓼
Polygonum plebeium

◆ 蓼科 Polygonaceae ◆

　　幾年前，因為要出版水生植物的書籍，經常前往南台灣的濕地環境，找尋新的物種拍攝。有一天，就在台南官田鄉的休耕田裡，看見數量可觀的台灣小灰蝶蹤跡。原來在嘉南平原一帶，台灣小灰蝶的雌蝶喜愛產卵於節花路蓼的葉片上，而非僅限於莧科成員。

　　當地羽化的成蝶，喜愛遊訪田間野花，如耳葉水莧菜、細葉水丁香、擬定莖草及尖瓣花等。當然，生長在附近田野裡的刺莧及野莧等莧科植物，也是雌蝶偏愛選擇產卵的植物。

　　雖然節花路蓼及相關的莧科植物全台灣普遍分佈，但越往台灣北部，台灣小灰蝶的分佈範圍越是狹隘，可見台灣小灰蝶是屬於熱帶性蝶類的一種。一般而言，台灣小灰蝶一年至少發生四代以上的族群，冬季亦正常生活，尤其在嘉義以南的荒地、溪畔及休耕水田中，更是蝶隻特別喜愛活動的棲息環境。

【攝食蝶種】

台灣小灰蝶 *Zizeeria karsandra*

台灣小灰蝶的蛹。

休息中的雌蝶。

台灣小灰蝶的雄蝶在嘉南平原一帶十分常見。

台灣小灰蝶的卵。

台灣小灰蝶的終齡幼蟲。

野莧。

馬齒莧
Portulaca oleracea

◆ 馬齒莧科 Portulacaceae ◆

專注吸食蟛蜞菊花蜜的雌紅紫蛺蝶。

雖然馬齒莧是雌紅紫蛺蝶重要的食草，不過每次筆者聯想馬齒莧時，卻不免浮現王寶釧苦守寒窯18年，日日採取豬母乳（馬齒莧）度日的悲情故事。

顧名思義，雌紅紫蛺蝶的兩性色彩差異懸殊；雌蝶色彩偏紅，擬態體內有毒的樺斑蝶，而雄蝶則以明朗的紫白色彩為主，別具風格。

休息中的雌紅紫蛺蝶。

就分佈的廣義性而言，馬齒莧是低平原地區常見的植物。不過，以往亦十分普及的雌紅紫蛺蝶卻日漸稀少，這或許與低平原地區，農藥的頻繁使用有絕對的關聯。

在自然界中，雌紅紫蛺蝶亦會選擇車前草科的車前草產卵，所以人工養殖時亦可選擇車前草的葉片替代。

雌紅紫蛺蝶的雄蝶斑紋色彩與雌蝶差異頗大。

【 攝食蝶種 】

雌紅紫蛺蝶 *Hypolimnas misippus*

雌紅紫蛺蝶的終齡幼蟲。

馬齒莧。

平伏莖白花菜
Cleome rutidosperma

◆ 山柑科 Capparaceae ◆

入侵台灣的歸化植物當中，平伏莖白花菜算是比較有益於蝶類生態的一種，因為它提供了黑點粉蝶、台灣紋白蝶、紋白蝶及八重山粉蝶等粉蝶科成員，有了更多選擇食物生存及族群擴散蔓延的方向。

這種植物的花朵為粉紅到紫藍色彩，卻有「白花」的名稱，原因出於它所隸屬的山柑科白花菜屬植物中，有一種開白花的「白花菜」是最早被發現的成員，所以往後只要是形態特徵近似的種類，都被歸類在白花菜屬植物中所致。

平伏莖白花菜原產於非洲及澳洲，台灣則分佈在中南部的低平原地區，常見於路旁、開闊地或果園等環境。在相關聯的蝶類中，八重山粉蝶是近些年才由菲律賓入侵台灣的蝶種，推測可能是經由颱風吹襲，造成雌蝶迷途來到南台灣，又在陌生環境裡找到適宜幼生期食用的平伏莖白花菜，於是便順利地繁衍下來，擴散到今日的普遍族群景象。

平伏莖白花菜的花。

一對交尾的紋白蝶。

產卵後短暫休息的台灣紋白蝶（雌蝶）。

飛翔中的黑點粉蝶（雄蝶）。

【攝食蝶種】

八重山粉蝶 *Appias olferna peducaea*
台灣紋白蝶 *Pieris canidia*
紋白蝶 *Pieris rapae crucivora*
黑點粉蝶 *Leptosia nina niobe*

八重山粉蝶的卵。

休息中的八重山粉蝶（雌蝶）。

八重山粉蝶的終齡幼蟲。

訪花中的八重山粉蝶（雌蝶）。

平伏莖白花菜。

蔊 菜
Cardamine flexuosa

◆ 十字花科 Cruciferae ◆

　　如果要票選農作物害蟲排行榜的話，那麼台灣產的兩種紋白蝶，必定榜上有名。舉凡十字花科蔬菜，如高麗菜、白菜、油菜、芥菜等，都是牠們危害的對象，嚴重時甚至導致農民收成徒勞無功。

　　倘若站在生物多樣性的研究角度思考，筆者自家田裡種植的十字花科蔬菜，目的就是要供應紋白蝶的幼蟲享用。畢竟冬季羽化的蝴蝶種類稀少，而紋白蝶卻是這段蝶類資源枯竭期的主角，大地如果少了這群飛舞的白衣使者，那麼即使遍地野花怒放，還是免不了有寂寥之感。

　　冬季是水稻的休耕期，尤其在台灣的中南部及東部地區，農民習慣在農田裡種植油菜花成為綠肥植物。每年到了農曆春節前後，油菜花滿園齊放，將田野薰染成鮮黃色彩，倘若有青山為背景，再搭配成群飛舞的紋白蝶，那種道地的田園溫馨景緻，將永遠銘記於心。

　　本文的主角蔊菜，也屬於是十字花科植物，只是它是道道地地台灣本土的野生植物，全台低平原地區四處可見，功能與十字花科蔬菜一樣，可供食用。

【 攝食蝶種 】

台灣紋白蝶 *Pieris canidia*
紋白蝶 *Pieris rapae crucivora*

駐足於玉山黃苑花間的台灣紋白蝶（雄蝶）。

遊訪蔥花的紋白蝶（雄蝶）。

台灣紋白蝶的終齡幼蟲。

台灣紋白蝶的蛹。

蔊菜。

倒吊蓮
Kalanchoe integra

◆ 景天科 Crassulaceae ◆

　　景天科植物最引人之處在於它們的肉質葉片，以及鮮明色彩的黃花，這是多數成員的共同特徵。倒吊蓮是一種常見植物，族群遍及台灣全島低處的崩塌地區或石壁上。

　　台灣黑燕蝶的幼蟲獨鍾於景天科植物，倒吊蓮是雌蝶喜愛選擇產卵的植物之一。現在台灣的園藝市場上，頗流行多肉植物的盆栽養殖，引進的景天科植物多達數百種，在飼育上只要是同屬或近緣的種類，多數可替代充當幼蟲的食物餵養。

　　台灣產的兩種黑燕蝶屬蝶類幼蟲，皆以景天科植物為食，即使兩者沒有重疊分佈的紀錄，食草的選擇應該也相同才對，那為何不將兩種蝶類合併介紹就好呢？

　　其實這一點在編排內文時，已仔細考慮過，雖說在中橫谷關一帶海拔800至1200公尺間的山區，不難同時發現台灣黑燕蝶與霧社黑燕蝶蝶的混棲景緻，但一般來說，兩者的棲息海拔還是頗有差距，通常台灣黑燕蝶生活於1000公尺以下區域，而霧社黑燕蝶則是1500至3000公尺之間的高地蝶類，有了這樣的考量，才將兩者的食草區隔開來分別介紹。

休息中的台灣黑燕蝶（雄蝶）。

蒞臨鬼針草花間的台灣黑燕蝶（雄蝶）。

【攝食蝶種】

台灣黑燕蝶 *Tongeia hainani*

遊訪於大花咸豐草的台灣黑燕蝶（雄蝶）。

台灣黑燕蝶的終齡幼蟲。

火焰草
Sedum stellariifolium

◆ 景天科 Crassulaceae ◆

火餤草並不常見，喜愛生長在微濕潤的岩石坡壁上，在中橫公路海拔1500至2500公尺間的路段，是族群主要的分佈地區，同時也是霧社黑燕蝶的重要產地。

在台灣的中海拔山區，火餤草並非霧社黑燕蝶唯一的食草，其他多數景天科植物成員，如星果佛甲草、玉山佛甲草等，也是雌蝶喜愛選擇的產卵對象。

如同台灣黑燕蝶一樣，霧社黑燕蝶也多棲息在崩塌環境，兩者的形態又十分類似，容易發生混淆。不過由海拔高度來區隔兩者，就顯得容易許多；霧社黑燕蝶的分佈僅限於海拔1000至3000公尺間，體型小，是高地性蝶類；而台灣黑燕蝶的體型較大，常見於海拔1000公尺以下的山區至平原地帶。

【攝食蝶種】

霧社黑燕蝶
Tongeia filicaudis mushanus

吸食石塊上礦物質的雄蝶。

休息中的雌蝶。

終齡幼蟲。

霧社黑燕蝶的蛹。

星果佛甲草也是霧社黑燕蝶與台灣黑燕蝶共同的食草。

火筷草。

假含羞草
Chamaecrista mimosoides

◆ 豆科 Leguminosae ◆

休息中的星黃蝶（雌蝶）。

　　兩年的服兵役期間，我都待在桃園崎頂，那裡離三民鄉的蝙蝠洞不遠，假日時經常與同僚前往一遊。就在景點前的路旁，生長了許多假含羞草族群，星黃蝶的生活史便在當地有了最初的紀錄。

　　這種歸化植物普遍分佈全台灣，並以中南部的平原及山區較為常見。族群通常生長於荒涼的石礫地或開闊環境。目前於南投鯉魚潭一帶的廢耕農田、路旁或林緣邊，生長許多的假含羞草，星黃蝶的族群理所當然在那裡也相當活躍。

正在吸食金午時花花蜜的星黃蝶（雄蝶）。

　　其實，台灣分佈有六種黃蝶屬成員，其餘還包含了台灣黃蝶、荷氏黃蝶、江崎黃蝶、淡色黃蝶及端黑黃蝶。當然這些蝶類的共同特徵，就是體翅上鮮黃的斑紋色彩，彼此間相互模擬，進而混淆人們的視覺，造成野外辨識上的困難。不過，只要讀者有心研討，相信還是有能力區隔彼此的一天，加油囉！

【攝食蝶種】

星黃蝶 *Eurema brigitta hainana*

產卵中的星黃蝶。

星黃蝶的終齡幼蟲。

星黃蝶的卵。

星黃蝶的蛹。

假含羞草。

煉莢豆
Alysicarpus vaginalis

◆ 豆科 Leguminosae ◆

正產卵於煉莢豆花苞上的微小灰蝶雌蝶。

有時要會晤一種蝴蝶，費盡了心思找尋並不一定有收種，但往往又有令人意想不到的結局，而煉莢豆與微小灰蝶的親密關係便是如此。

記得有一年秋季到宜蘭市的友人家拜訪，將車停放在神農路旁的公園內，經過園中的草坪時，看見許多沖繩小灰蝶活躍其間，還有麻雀正在啄食牠們。這一幕讓人很好奇，因為麻雀捕捉蝶類的畫面難得一見，更何況又是草生地上活動的小灰蝶。

吸食煉莢豆花蜜的雄蝶。

在觀察中也發現這裡的草坪上，除了滿是黃花酢醬草的蹤影外，煉莢豆的群落也有相當的面積，而且正在盛開紅色的花朵。原先以為草地上的蝶類，皆為沖繩小灰蝶，結果多半是微小灰蝶，同時也看見數十隻雌蝶正在不同的花序上產卵，幼蟲則攝食花苞及果莢，蛹就在葉背或葉表上。

爾後便清楚明瞭，微小灰蝶的棲息環境多半隨煉莢豆的分佈來擴散族群，而煉莢豆經常混生在韓國草或假儉草等園藝草坪植物裡，所以也就隨著造景四處散佈，諸如各處的馬路旁花壇、校園草坪或公園等環境。

【攝食蝶種】

微小灰蝶 *Zizina otis riukuensis*

交尾中的微小灰蝶。

煉莢豆

琉球山螞蝗
Desmodium laxum

◆ 豆科 Leguminosae ◆

　　在台灣北部以及東北部陰濕的山林裡，可以找到琉球山螞蝗這種豆科植物，它的花芽及豆莢是烏來黑星小灰蝶幼蟲的食物。也因為食草分佈於林下的關係，烏來黑星小灰蝶同樣厭惡活動於強光下，蝶性顯得嬌柔無比。

　　宜蘭的仁澤溫泉，是筆者最早發現烏來黑星小灰蝶的棲息地點，當地海拔約500公尺，同樣海拔的宜蘭雙連埤一帶山區，也有其族群分佈。爾後又於北宜公路靠近新店路段的雜木林裡，發現不少蝶隻活動。當然連接附近的烏來山區，更是烏來黑星小灰蝶的主要產地。目前於烏來福山村往桃園上巴陵的這條登山越嶺線，是已知烏來黑星小灰蝶分佈的最高點，蝶隻棲息在海拔約1300公尺的位置。

　　綜合以往的觀察紀錄，想要一睹烏來黑星小灰蝶的風采，以秋季9至12月間是成蝶出沒最為頻繁的季節，這與琉球山螞蝗的開花季有絕對的關係。成蝶熱愛訪花，一般喜愛選擇火炭母草或多種爵床科植物的花蜜為食。

【攝食蝶種】

烏來黑星小灰蝶
Pithecops fulgens urai

花序上的花苞及花朵。

烏來黑星小灰蝶喜愛林下幽暗的環境（雄蝶）。

雌蝶休息的姿態。

產在莢果上的卵。

琉球山螞蝗

波葉山螞蝗
Desmodium sequax

◆ 豆科 Leguminosae ◆

秋季開花的山林植物中，波葉山螞蝗鮮明的粉紅花朵，相當引人注目，這種野性十足的植物，台灣全島山區普遍可見，也是多種蝴蝶重要的食草植物。

在相關連的蝴蝶當中，平山小灰蝶的產卵過程是讓筆者比較難忘的經歷。那年的七月，正好在上巴陵的風口蝶道處，記錄越嶺蝶隻的種類。看著，看著，就瞄到一隻平山小灰蝶突然降落到一旁的波葉山螞蝗葉上。原本以為牠如同其他飛往經過的蝶類一樣，只是短暫休息，但卻見牠將卵一粒粒產在細嫩的新芽上，就此揭露了平山小灰蝶的生活史。

至於琉球三線蝶的幼蟲喜愛攝食中生代或老葉，波紋小灰蝶及琉璃波紋小灰蝶則以花苞及果莢為食，平山小灰蝶的幼蟲則是喜愛嫩葉及花苞。

產卵中的平山小灰蝶。

平山小灰蝶的卵。

產卵後正在行日光浴的平山小灰蝶。

【攝食蝶種】

琉球三線蝶 *Neptis hylas lulculenta*
波紋小灰蝶 *Lampides boeticus*
平山小灰蝶 *Rapala nissa hirayamana*
琉璃波紋小灰蝶
Jamides bochus formosanus

正在吸食大花咸豐草的波紋小灰蝶（雄蝶）。

琉球三線蝶的終齡幼蟲。

吸食咸豐草花蜜的琉璃波紋小灰蝶（雄蝶）。

交尾中的琉球三線蝶。

波葉山螞蝗。

決 明
Senna tora

正在吸食長穗木花蜜的大黃裙粉蝶（雄蝶）。

大黃裙粉蝶的卵。

◆ 豆科 Leguminosae ◆

　　許多以往被認為是迷蝶身份的成員，目前都已定居台灣，如八重山紫蛺蝶、黃裙粉蝶、蘭嶼粉蝶、尖翅粉蝶、八重山粉蝶及大黃群裙粉蝶等。這些迷蝶被確認定居的依據，當然是其生活史在台灣發現，或族群至少出現五年以上的時間。

　　大黃裙粉蝶的族群，主要分佈於台灣南部及東南部地區，如恆春半島或蘭嶼。在墾丁一帶，本種屬於常見蝶類，成蝶經常遊訪於長穗木、馬纓丹或咸豐草的花叢間，也會群聚在濕地上吸水。由於蝶隻飛行十分快速，觀察不易。不過，假如能夠在恆春半島的雜木林邊緣，找尋到決明族群的話，那麼想要養殖大黃裙粉蝶幼生期的願望，便十分容易達成。

　　決明是一種熱帶性的一年生植物，主要分佈於台灣南部及東部地區，尤其以恆春半島最為常見。與它有親密關係的蝶類還有荷氏黃蝶及台灣黃蝶，這兩種蝶類在台灣南部或全台各地皆十分普遍易見。

　　至於大黃裙粉蝶的食草替代，可採用黃槐這種觀賞植物，而荷氏黃蝶及台灣黃蝶則會攝食其他多種豆科植物，如田野間常見的田菁或合萌等。

【 攝食蝶種 】

台灣黃蝶 *Eurema blanda arsakia*
荷氏黃蝶 *Eurema hecabe*
大黃裙粉蝶 *Catopsilia scylla cornelia*

大黃裙粉蝶的終齡幼蟲。

喜愛大花咸豐草花蜜的台灣黃蝶（雌蝶）。

訪花中的大黃裙粉蝶（雌蝶）。

馬纓丹與荷氏黃蝶雄蝶的美妙畫面。

決明。

望江南
Senna occidentalis

◆ 豆科 Leguminosae ◆

在雙子葉植物的世界中，豆科植物所包含的形形色色成員，可說是五花八門，眾多成員所組合的複雜分類群，一點都不輸給單子葉家族中的禾本科植物。不過慶幸的是，豆科植物的多數成員，多半可以開出鮮明動人的花朵，所以還是有不少擁護者想要認識它們。

望江南是豆科植物中比較奇特的一種，因為它的莖幹為木質狀，長得又高大，卻是一年生植物，所以到底該稱呼它為木本或是草本植物，還真是有些遲疑不決。

水青粉蝶的重要食草便是望江南，兩者皆是郊野開闊環境或平原地區常見生物。

一般來說，水青粉蝶的主要發生期集中於夏秋兩季，一旦進入嚴冬便難以在北部或東北部地區發現其身影。但是在南部及蘭嶼地區，因為受到溫暖氣候的影響，全年都有蝶蹤訪花或群聚吸水的畫面呈現。

【 攝食蝶種 】

水青粉蝶 *Catopsilia pyranthe*

享受馬利筋花蜜的雌蝶。

遊訪於臭娘子花間的雄蝶。

水青粉蝶的終齡幼蟲。

水青粉蝶的卵。

水青粉蝶的蛹。

望江南。

菽 草
Trifolium repens

◆ 豆科 Leguminosae ◆

　　菽草又稱「白花三葉草」，是來自於歐洲的歸化植物，目前普遍分佈在台灣各處的中高海拔山區，尤其以種植水梨或蔬菜的開墾環境最為普遍。或許拜菽草的普遍分佈，也致使黃紋粉蝶這種喜愛活躍於草原環境的秀麗彩蝶，同樣常見於台灣的高地。當然，在菽草還沒入侵台灣前，黃紋粉蝶的食草是豆科的多種紫雲英屬植物。

　　記得國三那年的秋季，在家園附近的河堤邊採獲一隻黃紋粉蝶的雌蝶，這與印象中的蝶隻分佈地點有所出入。因為當時相關的文獻記載，黃紋粉蝶的分佈限於中海拔山區，為何蘭陽平原的沿海地帶也有牠的蹤跡存在，實在令人百思不解。

　　爾後，對於蝴蝶生態的認識逐漸深入，發現黃紋粉蝶的蹤影也同樣會出現在熱帶地區的蘭嶼島上，而且發生期與台灣的平原地帶一樣，蝶蹤多半見於秋冬兩季。這或許是蝶類求生存的一種本能，就好像熱帶性的黃裳鳳蝶，近幾年來已進駐北台灣山區的情況一樣。

遊訪波斯菊花間的黃紋粉蝶（雌蝶）。

黃紋粉蝶的卵。

吸水中的小三線蝶（雄蝶）。

小三線蝶的終齡幼蟲。

【 攝食蝶種 】

黃紋粉蝶 *Colias erate formosana*
小三線蝶 *Neptis sappho formosana*

黃紋型雌蝶見於台北汐止地區。

萩草

合萌
Aeschynomene indica

◆ 豆科 Leguminosae ◆

　　台灣到處都有水田，而能夠適應這樣潮濕環境的原生豆科植物中，恐怕就只有合萌一種，也因此它便順理成章地成為水生植物的一員。

　　這種豆科植物全台灣普遍分佈，蹤影幾乎遍及全島的水田中，也因為豐富的族群關係，致使荷氏黃蝶的命脈得以壯大。

　　其實在水田環境中，還有一種由農政單位引進，用來充當綠肥植物的印度田菁，每當到了休耕季節，農夫便會撒播種子，成長後的印度田菁，也同樣受到荷氏黃蝶的青睞；尤其仲夏季節，荷氏黃蝶常能繁衍出可觀的族群數量，飛舞在鄉村的田野間，蔚為奇觀。

　　一般來說，荷氏黃蝶與台灣黃蝶的成蝶十分接近，但生態習性有所不同；前者的產卵方式為單粒卵，而且幼蟲頭部為綠色，台灣黃蝶的雌蟲，多將卵粒聚產一起，且幼蟲頭部為黑色。

群聚一起吸水的荷氏黃蝶。

【攝食蝶種】

荷氏黃蝶 *Eurema hecabe*

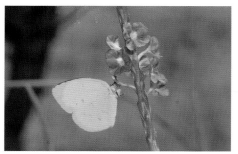

遊訪長穗木的夏型雄蝶。

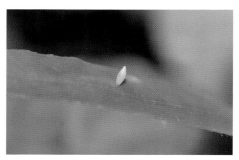

荷氏黃蝶的卵。

同訪大花咸豐草的荷氏黃蝶，下雄蝶上雌蝶。

荷氏黃蝶的終齡幼蟲。

合萌。

穗花木藍
Indiogfera spicata

◆ 豆科 Leguminosae ◆

　　在全台灣的乾涸河床、路旁、開闊地或水田邊，是穗花木藍喜愛生長的環境，族群普遍可見。但是近期與友人前往恆春半島執行調查工作時，卻在佳樂水一帶的珊瑚礁海岸，看見穗花木藍群生的景致，並與煉莢豆混生在一起。

　　像我們這種對於植物與蝶類親密生態有敏銳觀察力的人來說，看見礁岸的草生地上穿梭著蝶影時，便馬上聯想到台灣姬小灰蝶及微小灰蝶。的確，這兩種蝶類普遍分佈在當地的荒草地與海岸線。但是穗花木藍與煉莢豆皆為豆科植物，一樣開粉紅色花朵，也都在礁岩上一起匍匐生長。觀察過程中，卻只看到台灣姬小灰蝶產卵於穗花木藍的花序上，而微小灰蝶則對煉莢豆情有獨鍾，照理說兩者生態關係應該是相互共通的才對，但又好像不盡然如此。

　　或許這只是筆者礙於觀察所產生的錯誤訊息也說不一定，其實它們彼此間的關係密切，至於真正的答案，就等待大家一起來揭曉吧！

【攝食蝶種】

台灣姬小灰蝶

Freyeria putli formosanus

雄蝶的體態更為袖珍。

休息中的台灣姬小灰蝶雌蝶。

台灣姬小灰蝶的終齡幼蟲。

台灣姬小灰蝶的蛹。

穗花木藍的花朵。

整片的穗花木藍。

酢醬草
Oxalis corniculata

◆ 酢醬草科 Oxalidaceae ◆

行日光浴的雌蝶。

在台灣各處的校園、荒草地、果園、路旁或公園裡，我們很容易發現到酢醬草的族群，它算是適應力非常強的野生植物。伴隨酢醬草一起生活的伙伴則是沖繩小灰蝶，牠那小巧的身影，也同樣喜愛在陽光下飛舞。

筆者家的庭院裡，酢醬草四處橫生，提供了沖繩小灰蝶充裕的食物來源。不過個人對於酢醬草的存在，總是喜厭參半；它的外形頗富詩情畫意，而且又是蝴蝶的食草，理所當然喜愛它。不過，每每在清除庭院雜草時，眼睛屢次受到果莢爆開的種子傷害，因此原本想要培育它的熱忱，也就逐漸降溫。

吸食萬壽菊花蜜的雌蝶。

沖繩小灰蝶這種迷你型的彩蝶，喜愛遊訪於花間，尤其是小型的田園野花，如半邊蓮、定經草或石龍尾等；連穀精草那樣擁有精密花朵構造的植物，蝶隻也會蒞臨造訪，由此可見牠對野花的迷戀程度。

正在吸食酢醬草花蜜的雄蝶。

【攝食蝶種】

沖繩小灰蝶

Zizeeria maha okinawana

沖繩小灰蝶的終齡幼蟲。

酢醬草

冬 葵
Malva verpicillata

◆ 錦葵科 Malvaceae ◆

　　記得多年前，曾於梨山地區居住數年的時間，我的房舍座落在海拔約1600公尺的位置。每年到了冬天，雖不至於會下雪，但早晚經常保持在零度以下的低溫。像這樣嚴寒的氣候裡，通常並不適合蝶類生活，然而姬紅蛺蝶卻是少數中的異類。

　　姬紅蛺蝶的族群繁衍，似乎不會受到氣溫冰冷的影響，只要遇到陽光普照的日子，成蝶便會四處遊蕩，並且如同在夏季一樣，活絡地進行交配、產卵甚至於羽化。

　　冬葵是姬紅蛺蝶的主要食草，普遍分佈在中海拔人工墾殖過的環境裡，尤其梨山一帶的果園區裡隨處可見。另外，姬紅蛺蝶也會選擇菊科的鼠麴草及艾草做為雌蝶產卵的植物。

【攝食蝶種】

姬紅蛺蝶 *Vanessa cardui*

正在遊訪大波斯菊花間的雌蝶。

冬季喜愛蒞臨於蘿蔔花間的雄蝶。

冬葵葉上的終齡幼蟲。

蟲巢。

休息中的雄蝶。

冬葵

喜岩菫菜
Viola adenothrix

◆ 菫菜科 Violaceae ◆

　　台灣產的十幾種菫菜屬植物，都屬於黑端豹斑蝶及綠豹斑蝶的產卵植物。不過對綠豹斑蝶來說，這似乎有些勉強，畢竟牠的分佈僅限於中高海拔地區，能夠選擇的產卵對象，並不像黑端豹斑蝶那麼的多樣。

　　幾年前的九月中旬，與友人相約同遊合歡山，回程經過中橫新白陽海拔約1400公尺的位置時，看見一隻雌性的綠豹斑蝶，徘徊於路旁的草地上，我們趕緊下車觀察，就這樣發現蝶隻選擇了喜岩菫菜成為產卵植物的過程。

　　一般而言，綠豹斑蝶喜愛在森林邊緣活動，屬於溫帶蝶類，而黑端豹斑蝶則較喜愛棲身在開闊環境，族群分佈廣泛，全台灣的海岸至高山草原都能夠見到牠的身影。

【攝食蝶種】

黑端豹斑蝶 *Argyreus hyperbius*
綠豹斑蝶 *Argynnis paphia formosicola*

吸水中的綠豹斑蝶（雄蝶）。

遊訪高山藤繡球花間的綠豹斑蝶（雄蝶）。

吸食葉片露水的綠豹斑蝶（雄蝶）。

喜岩堇菜。

綠豹斑蝶的終齡幼蟲。

在咸豐草花朵上吸食花蜜的黑端豹斑蝶（雄蝶）。

短毛菫菜
Viola confusa

◆ 菫菜科 Violaceae ◆

在開花植物世界中，菫菜科植物所綻放的花朵，外表嬌柔惹人憐愛，筆者一直對它們特別喜愛。

當然它們的多數成員均可開出紫色、粉紅、白色或黃花，但主要還是以紫色系為主，短毛菫菜也不例外，花期多集中於冬春兩季。這種植物在全台灣的低海拔山區普遍可見，是黑端豹斑蝶重要的食物來源之一。

黑端豹斑蝶的幼蟲，可說是蝶類世界中的快跑健將，畢竟一株短毛菫菜是無法供應幼蟲成長所需的養分，所以黑端豹斑蝶的幼蟲便需要四處找尋其他短毛菫菜的蹤影，因此幼蟲爬行的動作要比其他蝶類來的快速，以確保其生存。

在台灣幾乎所有原生及引進觀賞的菫菜屬植物，皆可做為黑端豹斑蝶幼蟲的食物，因此在繁殖上相當容易。成蟲方面，黑端豹斑蝶的雌蝶之斑紋色彩，擬態成有毒的樺斑蝶，可做為十分有趣的生態教育範例。

【攝食蝶種】

黑端豹斑蝶 *Argyreus hyperbius*

專注吸水的雄蝶。

黑端豹斑蝶在秋天常駐足台灣臺澤蘭花叢間（雌蝶）

吸食南美蟛蜞菊花蜜的黑端豹斑蝶（雄蝶）。

黑端豹斑蝶的終齡幼蟲。

短毛堇菜的花朵。

短毛堇菜

台灣前胡
Peucedanum formosanum

◆ 繖形科 Umbelliferae ◆

　　有幾年的時間都住在台灣中部的梨山，
朋友來訪時，總喜愛帶他們到附近的德基
水庫或谷關看看風景或觀察自然生態。就
這麼巧，一次在回程的路上，因為友人暈
車，於抵達德基水庫前的山崖邊休息，結
果就發現了台灣前胡及黃鳳蝶的親密關係
。原來這種稀有植物喜愛生長在陡峭的岩
石坡壁上，伴生的植物常是豆科的毛胡枝
子及薔薇科的台灣繡線菊，它們也都是蝶
類重要的寄主植物。

　　爾後，連續幾年觀察黃鳳蝶的生活習性
發現，雄蝶相當活潑，領域性強烈，經常
發生互相追逐的驅趕行為，公路旁的黃色
反光片，也常會吸引牠們飛臨探索。當地
蝶隻的訪花對象，大多以菊科的鬼針草、
馬蘭，爵床科的爵床或忍冬科的有骨消為
主，春季則有遊訪杜鵑花的紀錄。

　　一般來說，台灣前胡及黃鳳蝶分佈的海
拔多介於600~1500公尺之間，全台灣的
險峻山區偶爾可見。

正在吸食鬼針草花蜜的雄蝶。

在中橫公路黃鳳蝶經常遨遊在鬼針草花間（雌蝶）。

黃鳳蝶的終齡幼蟲。

【攝食蝶種】

黃鳳蝶 *Papilio machoan sylvina*

台灣前胡。

黃鳳蝶的卵。

黃鳳蝶的蛹。

烏面馬
Plumbago zeylanica

◆ 藍雪科 **Plumbaginaceae** ◆

　　雖然角紋小灰蝶非常普遍，但蝶隻所散發的斑紋魅力著實令人讚賞。牠的幼蟲會攝食多種豆科植物，但這裡選擇的配對則是藍雪科的烏面馬。這種植物的分佈普遍，常見於台灣全島的低平原地區，尤其南端的恆春半島一帶數量頗多。

　　就如同先前所言，到了中海拔山區，雖然沒有烏面馬的分佈，但是雌蝶會在多種豆科植物的花苞及果莢上產下卵粒，尤其以毛胡枝子最為常見，產地包括了北橫公路巴陵或中橫公路的德基水庫等。當然這些分佈地也是角紋小灰蝶族群繁衍的最高點，成蝶通常全年可見。

【攝食蝶種】

角紋小灰蝶 *Syntarucus plinius*

遊訪於大花咸豐草花間的雄蝶。

正在進行求偶舞蹈的角紋小灰蝶。

產卵中的角紋小灰蝶。

行日光浴的雌蝶。

烏面馬。

台灣肺形草

Tripterospermum taiwanense

◆ 龍膽科 Gentianaceae ◆

正在進行產卵的雌蝶。

　　在台灣的中海拔山區分佈了幾種肺形草屬的植物，其中以台灣肺形草分佈最廣泛而且又常見，其族群主要生長於林下或陽光無法直接曝曬的邊緣地帶。不過所有其他的肺形草屬植物，也都是白雀斑小灰蝶會選擇的產卵植物。

　　夏末時白雀斑小灰蝶開始產卵，孵化後的幼蟲會攝食花苞或嫩葉，通常在二齡時會被棲息附近的蟻類，帶入枯木中的巢穴裡飼養，從此與螞蟻共生一起，並攝食螞蟻餵養的幼蟲成長，過著肉食的生活。當然白雀斑小灰蝶的幼蟲，也會由體外分泌出一種螞蟻喜愛的甜美汁液回饋，彼此獲利。

休息中的雄蝶。

　　一般來說，台灣肺形草偶見於低海拔山區，但白雀斑小灰蝶的自然分佈卻僅限於海拔1500~2500公尺之間，7~8月為成蝶的羽化期，族群雖無法隨處可見，但只要尋獲產地，成蝶活潑身影便不難發現。

白雀斑小灰蝶的蝶蛹。

【攝食蝶種】

白雀斑小灰蝶 *Phengaris daitozana*

白雀斑小灰蝶的終齡幼蟲。

產在食草葉背上的卵。

台灣肺形草。

馬利筋
Asclepias curassavica

◆ 夾竹桃科 Apocynaceae ◆

交尾中的樺斑蝶。

　　庭園裡的馬利筋四季開花，它不僅是樺斑蝶重要的幼蟲食草，更是蝶類最喜愛的蜜源植物之一。這種原先被分類在蘿藦科的植物原產於美洲大陸，目前已普遍歸化在台灣各處的低海拔平原地區，是一種具有毒性的觀賞植物。

　　樺斑蝶的性情溫和，平易近人，成蝶全年可見。如果家中種植幾株馬利筋，又有足夠的蜜源供應，羽化後的樺斑蝶就不會遠離，是營造蝴蝶生態資源最佳的選擇。

產卵中的雌蝶。

　　早期台灣還記錄到一種大樺斑蝶，推測這種分佈在歐美大陸的溫帶性蝶類，極可能是隨馬利筋的引進而夾帶了幼生期，才在台灣繁衍幾代，爾後或許是氣候的不適應，族群才又逐漸消失。其實隨著園藝植物的推廣，馬利筋已遍及全球，樺斑蝶也隨之擴散到全世界的溫暖地區，而溫寒帶環境則由大樺斑蝶取代。

　　筆者在紐西蘭就發現不少的大樺斑蝶族群，當地也是因為引進釘頭果這種與馬利筋有表親關係的植物之後，大樺斑蝶才開始入侵紐西蘭。

遊訪馬利筋花間的雄蝶。

【 攝食蝶種 】

樺斑蝶 *Danaus chrysippus*
大樺斑蝶 *Danaus plexippus*

樺斑蝶的卵。

樺斑蝶的蛹。

樺斑蝶的終齡幼蟲。

大樺斑蝶在台灣已滅絕多時（雄蝶）

馬利筋。

甘 藷
Ipomoea batatas

◆ 旋花科 Convolvulaceae ◆

　　近期因為環保意識的抬頭，外來植物的引進似乎成為被抨擊的對象，可是大家都沒有想過那些言詞咄咄逼人的發言者，其實每天也都必須依賴外來植物才能生活，也就是說平常我們所食用的稻米或幾乎所有的水果及蔬菜，全部是外來植物的結晶，那我們還有什麼理由去指責其他歸化花草的不是呢？

　　甘薯是旋花科的一員，理所當然也是外來植物的一種。它的葉片清脆爽口，地下塊莖亦是甜美無比，然而蝶類中的琉球紫蛺蝶，也同樣喜愛這份佳餚。琉球紫蛺蝶算是全島普遍可見的蝶類，雌蝶的色彩變化多端；尤其蘭嶼、綠島或其他島嶼出產的蝶隻斑紋，往往有令人耳目一新的鮮明色彩展現。

　　野地裡雌蝶亦會選擇多種金午食花、糯米團、空心菜及榕樹為產卵植物，算是屬於食性寬廣的蝶類成員之一。

【 攝食蝶種 】

琉球紫蛺蝶 *Hypolimnas bolina kezia*

遊訪馬纓丹花叢間的雄蝶。

蘭嶼出產的雌蝶色彩特別鮮麗。

這種雌蝶的形態頗似八重山紫蛺蝶。

琉球紫蛺蝶的卵。

琉球紫蛺蝶的蛹。

琉球紫蛺蝶的終齡幼蟲。

風輪菜
Clinopodium chinense

◆ 唇形花科 Labiatae ◆

　　台灣產的兩種雀斑小灰蝶，牠們的習性十分近似，兩者的幼蟲都偏向肉食性。初齡幼蟲時會攝食寄主的花部器官，直至2~3齡時才由附近棲息的蟻類，攜回蟻巢內共生，並餵養幼蟻讓其成長，而幼蟲則由體外的蜜腺分泌甜美乳汁回應蟻群，不過兩者選擇的產卵植物有所不同。

　　淡青雀斑小灰蝶的產卵植物是風輪菜，當然其他風輪菜屬植物也一樣可以。成蝶羽化的季節為每年6~8月間，分佈海拔介於1300~2600公尺間的中海拔山區，如台灣北部拉拉山、中部翠峰、南部天池等地都是著名產地。

　　淡青雀斑小灰蝶除了有別於其他小灰蝶類的特殊生活史之外，牠的體翅也是台灣產一百餘種小灰蝶科的成員當中最為大型的一種，而且其活動範圍為林下的低矮區域，並非如同其他森林性小灰蝶多半於林冠層活動，因此觀察應該還算容易。

吸食薔薇科植物花蜜的雄蝶。

訪花中的雌蝶。

雌蝶將卵產於花苞裡。

在風輪菜花上駐足的雌蝶。

【攝食蝶種】

淡青雀斑小灰蝶
Phengaris atroguttata formosana

風輪菜

阿里山紫花鼠尾草
Salvia arisanensis

◆ 唇形花科 Labiatae ◆

　　喜愛攝食阿里山紫花鼠尾草花朵的蝴蝶，好像就只有台灣棋石小灰蝶一種，不過台灣棋石小灰蝶卻會選擇好幾個科別的植物，成為幼蟲的食物來源。常見的除了各種鼠尾草屬植物外，苦苣苔科的石吊蘭及蘭嶼石吊蘭，也是其重要寄主植物之一。

　　阿里山紫花鼠尾草通常群生於林下、森林邊緣或路旁坡壁稍有遮蔽之處，偏愛潮濕陰涼的環境，全台中海拔山區普遍分佈。這種植物的花期主要集中於夏秋兩季，台灣棋石小灰蝶便會在將要綻放的花序上產下卵粒，幼蟲喜愛攝食花苞或綻放中的花朵。

　　台灣棋石小灰蝶也是屬於森林體系的蝶類，喜愛活躍於林下開闊處，雄蝶具有強烈的領域性，所以難得乖乖地停棲休息。愛訪花，也會駐足於濕地上吸水，數量不多卻也非珍稀蝶類，部份地區還算多產。

【攝食蝶種】

台灣棋石小灰蝶 *Shijimia moorei*

正在吸食水分的雄蝶。

產卵中的雌蝶。

產在花序上的卵。

終齡幼蟲及蛹。

屬於著生植物的石吊蘭，也是台灣棋石小灰蝶的主要
食草之一。

阿里山紫花鼠尾草

泥花草
Lindernia antipoda

◆ 玄參科 Scrophulariaceae ◆

雌蝶與風箱樹的花朵成為絕配。

看到泥花草的名字，就覺得份外親切，因為它是水生植物的家族成員，而筆者對於水生植物的喜愛，簡直可以用「狂熱」兩字來形容。

一般有水田的地方，就能發現泥花草的蹤跡，同樣道理，孔雀紋蛺蝶便會在附近出沒，牠可說是平原地區最具代表性的蝶類之一。

秋型雄蝶個體。

目前資料顯示，孔雀紋蛺蝶的幼蟲食性寬廣，主要以水生植物的成員為主，如多種母草屬植物及爵床科的水蕹衣屬植物等，所以將牠歸類為沼澤蝶類的代表是非常適宜的。當然馬鞭草科的鴨舌廣、爵床科的賽山藍及車前草科的車前草等陸生植物的葉片，也同樣受到幼蟲的青睞。

成蝶的型態會隨季節而改變，以蘭陽平原的族群而言，秋季型態的個體通常於十一月份出現，直到隔年的四月才轉換成夏季型態。

【攝食蝶種】

孔雀紋蛺蝶 *Junonia almana*

正在吸食大花咸豐草花蜜的雄蝶。

孔雀紋蛺蝶的蝶蛹。

孔雀紋蛺蝶的終齡幼蟲。

群生的卵。

泥花草。

賽山藍
Blechum pyramidatum

◆ 爵床科 Acanthaceae ◆

賽山藍是一種來自熱帶美洲的歸化植物，台灣中南部地區普遍可見，離島的蘭嶼地區亦有族群衍生。

在恆春半島地區，賽山藍的族群分佈就好像庭院中的黃花酢醬草那樣普遍，在恆春半島的林下環境四處橫生，也因此提供了豐沛的食物來源，讓迷你小灰蝶這種袖珍型蝶類，得以盡情繁衍。牠的幼蟲以賽山藍的花部器官為食，訪花對象也多以小型的地生植物為主，如爵床、一枝香、長穗木或木藍等。但是同樣選擇賽山藍為食草的黃帶枯葉蝶，在族群分佈及數量上，便顯得稀有許多，這種蛺蝶科成員，雖有枯葉蝶的名稱，但是習性比起真正的枯葉蝶來得複雜許多，成蝶不僅會吸食腐果、樹液、動物排遺，也同樣喜愛遊訪於花間，這對於許多枯葉蝶來說，簡直是不可能的任務。

至於孔雀紋蛺蝶的族群，更是台灣低海拔平原地區最為常見的蝶類之一。而原先屬於迷蝶的淡青孔雀蛺蝶，目前已定居南台灣，幼蟲也喜愛攝食賽山藍的葉片，成蝶則不常見。

【攝食蝶種】

黃帶枯葉蝶 *Yoma sabina podium*
迷你小灰蝶 *Zizula hylax*
孔雀紋蛺蝶 *Junonia almana*
淡青孔雀蛺蝶 *Junonia atlites*

遊訪馬纓丹花間的黃帶枯葉蝶（雌蝶）。

孔雀紋蛺蝶的夏型雄蝶。

休息中的迷你小灰蝶（雌蝶）。

淡青孔雀蛺蝶（雄蝶）為新定居台灣的蝶類。

迷你小灰蝶的終齡幼蟲。

賽山藍。

爵 床
Justicia procumbens

◆ 爵床科 Acanthaceae ◆

　　在台灣的低平原地區，爵床四處可見，不過因為地域的關係而產生了幾個變種，其差異多在葉形的變化。暫且不管變種的形態如何，大抵它們的葉片都一樣受到孔雀青蛺蝶的青睞。

　　當然孔雀青蛺蝶的食性也橫跨幾個科別的植物，野外觀察的紀錄有馬鞭草科的鴨舌癀、玄參科的阿拉伯婆婆納等。

　　這種鮮麗的小型蝶類普遍分佈在台灣各地，由北至南從海岸線上升至三千公尺的高山，只要有開闊的環境，多半找得到牠們的蹤影，將孔雀青蛺蝶選為草原性蝶類的代表，應該是十分貼切。

　　一般而言，發生在南部地區的蝶隻全年可見，族群綿延不斷，而北部及棲息於中高海拔地區的族群，則以成蝶渡冬，春季過後才開始陸續產卵。

【攝食蝶種】

孔雀青蛺蝶 *Junonia orithya*

遊訪於青葙花間的雄蝶。

雄蝶的翅背色彩亮麗。

行日光浴的雌蝶。

爵床。

孔雀青蛺蝶的卵。

孔雀青蛺蝶的終齡幼蟲。

台灣鱗球花
Lepidagathis formosensis

◆ 爵床科 Acanthaceae ◆

　　台灣產的爵床科植物當中，台灣鱗球花既沒有豔麗的花朵，葉片也不具任何特色，族群分佈廣泛而常見，外表實在一點都不起眼，但相形之下，與它搭配的眼紋擬蛺蝶，便顯得格外出色。

　　這種中小型的蛺蝶科成員，最引人注目的地方，就是翅背上長了一排明顯的眼紋斑，這樣的警戒性斑紋似乎有驚嚇掠食者的功能。不過真實情況到底如何，則需要讀者自行仔細觀察，才能加以印證。

　　一般來說，台灣鱗球花通常出現於林下稍有遮蔭的環境，全台灣的山區普遍可見，而眼紋擬蛺蝶族群也同樣普遍分佈於全台灣各地。但是南部地區發現的機率較北部普遍，而族群棲息的海拔高度通常不會超過1300公尺以上。

【攝食蝶種】

眼紋擬蛺蝶
Junonia lemonias aenaria

訪花中的雄蝶。

雌蝶習慣將卵產在花苞上。

冬型蝶隻較為小型。

棲息在墾丁國家公園中的眼紋擬蛺蝶（雄蝶）。

台灣鱗球花

蘭崁馬藍
Strobilanthes rankanensis

◆ 爵床科 Acanthaceae ◆

　　根據筆者個人的瞭解，馬藍、台灣馬藍、曲莖馬藍及蘭崁馬藍等爵床科植物，在飼育或進行人工套網時，都可以運用在文中提及的蝶類身上，它們的功能是相互共通的。

　　不過在自然界中，馬藍及台灣馬藍的分佈僅侷限於低地，相關的蝶類就僅有黑擬蛺蝶、枯葉蝶及大型黃紋挵蝶；而曲莖馬藍及蘭崁馬藍的分佈則位於中海拔山區，這樣的海拔高度亦是多數相關蝶類的主要棲息環境，因此曲莖馬藍及蘭崁馬藍，也就成為這些蝶類幼蟲重要的食物來源。

　　在這一組蝴蝶與植物的親密生態體系中，枯葉蝶算是最具知名度的一種，牠的偽裝能力堪稱是自然生態界的奇蹟，當蝶隻把雙翅合併時，其型態就像一片枯葉般，翼尾如同葉柄，而腹面呈現的褐色斑紋，也明顯地呈現葉片的主脈、支脈，甚至還有像是葉片破洞的圈紋，真真實實地將一整片枯葉模擬得維妙維肖。一般說來，枯葉蝶的分佈十分普遍，幾乎遍及台灣各地的中低海拔山區，是一種森林性的蝶類。

　　至於台灣產的幾種黃紋挵蝶，都見於中海拔山區，唯大型黃紋挵蝶能見於低地，如宜蘭雙連埤海拔約500公尺的陰濕林緣邊，就有此種蝶類繁衍的紀錄，至於黃紋挵蝶類家族之族群數量，都還算豐富，是中海拔山區重要的蝶類資源之一。但是台灣產的黃紋挵蝶家族至少有六種，彼此間的斑紋色彩相互模擬，在觀察時則需特別注意。此外各種黃紋挵蝶都是年產一代的蝶種，並以幼蟲於葉片上築蟲巢度冬。

【攝食蝶種】

黑擬蛺蝶
Junonia iphita

枯葉蝶
Kallima inachis formosana

埔里黃紋挵蝶
Celaenorrhinus horishanus

姬黃紋挵蝶
Celaenorrhinus kurosawai

大型黃紋挵蝶
Celaenorrhinus maculosus

小黃紋挵蝶
Celaenorrhinus osculus major

蓬萊黃紋挵蝶
Celaenorrhinus pulomaya formosanus

白鬚黃紋挵蝶
Celaenorrhinus ratna

蘭嵌馬藍。

吸食大花咸豐草的大型黃紋挵蝶（雄蝶）。

訪花中的白鬚黃紋挵蝶（雄蝶）。

遊訪瓜科植物的小黃紋挵蝶（雌蝶）。

蓬萊黃紋挵蝶多出現於仲夏日（雄蝶）。

休息中的埔里黃紋挵蝶（雌蝶）。

枯葉蝶的型態幾乎和枯葉一模一樣（雄蝶）。

分佈於宜蘭思源埡口一帶的大型黃紋挵蝶（雄蝶），斑紋色彩有異，或許是另一新種。

遊訪大花咸豐草的黑擬峽蝶（雄蝶）。

姬黃紋挵蝶（雄蝶）。

台灣馬藍
Strobilanthes formosanus

◆ 爵床科 Acanthaceae ◆

枯葉蝶可說是蝶類世界中的頂級擬態高手（雄蝶）

　　原先並沒有要將台灣馬藍列入書中介紹，那是因為同屬中的蘭崁馬藍，已經足以飼育所有的相關蝶類，但礙於蘭崁馬藍的分佈侷限於中海拔山區，一般愛好者想要觀察枯葉蝶或黑擬蛺蝶的生態，恐怕不是那麼容易，況且枯葉蝶又是特色十足的蝶類，所以才又選擇分佈於低地的同屬成員「台灣馬藍」來加強說明。

枯葉蝶的終齡幼蟲。

　　台灣馬藍也是與其他馬藍屬的植物一樣，喜愛生活於林緣陽光無法直接照射的環境，在北部及東北部地區的族群十分龐大且易見。花期於夏秋之間展開，紫色的花朵頗為醒目，是蝶類重要食草，同時也兼具園藝植物的觀賞價值。

　　因為台灣馬藍通常分佈於海拔八百公尺以下的山區環境，所以會選擇產卵的黃紋挵蝶類就只有大型黃紋挵蝶一種，目前已知本種的最低海拔繁衍於宜蘭雙連埤附近的林地裡。

飽食一餐後張翅休息的枯葉蝶（雌蝶）。

【攝食蝶種】

大型黃紋挵蝶
Celaenorrhinus maculosus

黑擬蛺蝶 *Junonia iphita*

枯葉蝶 *Kallima inachis formosana*

大型黃紋挵蝶習慣躲藏於葉背下休息（雄蝶）。

枯葉蝶的翅背擁有美麗的斑紋色彩（雌蝶）。

台灣馬藍。

柳葉水蓑衣

Hygrophila salicifolia

◆ 爵床科 Acanthaceae ◆

　　爵床科植物的水生成員並不多，只有水蓑衣屬成員算是道地的沼澤物種。台灣分佈四種原生的水蓑衣屬植物，分別是大安水蓑衣、小獅子草、披針葉水蓑衣及柳葉水蓑衣。當然在相關的蝶類生態裡，這些水蓑衣屬植物的功能也與柳葉水蓑衣一樣，都是黑擬蛺蝶、迷你小灰蝶及孔雀紋蛺蝶共同的幼生期食物來源。

　　一般來說，黑擬蛺蝶屬於森林性蝶類，而柳葉水蓑衣則多偏向陽性生活，所以只能於林緣沼澤環境，才有機會觀察到兩者的親密生態關係。迷你小灰蝶屬於袖珍型的蝶類，喜愛產卵於水蓑衣的花苞上，同時雌蝶也會選擇多種爵床科及馬鞭草科植物產卵，算是廣食性的蝶類。

　　至於孔雀紋蛺蝶應該算是最為迷戀水蓑衣屬植物的一員，這種蝶類在翅背上分佈有數枚大型眼紋，相當亮麗顯眼，是平原至低山區環境普遍可見的蝶類。另外友人亦觀察到枯葉蝶及淡青孔雀蛺蝶也會攝食水蓑衣屬植物，至於真相如何，就等待大家親自去印證了。

【攝食蝶種】

黑擬蛺蝶 *Junonia iphita*
迷你小灰蝶 *Zizula hylax*
孔雀紋蛺蝶 *Junonia almana*

產卵中的迷你小灰蝶。

孔雀紋蛺蝶的夏型個體。

黑擬蛺蝶厭惡在陽光下活動。

孔雀紋蛺蝶的終齡幼蟲。

大安水蓑衣。

柳葉水蓑衣。

大車前草
Plantago major

◆ 車前草科 Plantaginaceae ◆

車前草是一種隨處可見的野生植物,蹤影遍及台灣全島的低中海拔山區至平原地帶。像這麼常見的植物,應該很容易帶動相關蝶類的族群數量才對,但好像又不是那麼一回事。

目前已知蛺蝶科的雌紅紫蛺蝶,會將卵產於車前草上,但是假如附近有馬齒莧的話,那麼雌蝶幾乎不屑車前草的存在,這與大紫蛺蝶的生態是一致的。因為大紫蛺蝶平常只會將卵產於朴樹的植物體上,但人工套網或幼蟲養殖時,採用台灣朴樹也有一樣的功能,但至目前為止,我們在野外環境中似乎還是無法觀察到大紫蛺蝶與台灣朴樹間的親密關係。

我想或許是每一種生物喜愛的食物都有其第一順位,假如供應無缺的話,便不會主動去碰觸其他次要的食物,我們人類不也是如此嗎?調查車前草親密的夥伴關係,還有一次相當特別的觀察紀錄。一次與日本友人於宜蘭的四季部落調查蜻蜓生態時,溪畔邊的草生地上突然飛來一隻台灣棋石小灰蝶的雌蝶。筆者看牠一下子就停棲在車前草的花序上,本來以為蝶隻只是短暫休息而已,沒想到這一隻雌蝶竟然就在花序上產卵,同時也在其他植物體上發現各個齡期不同的幼蟲。可見台灣棋石小灰蝶的食性選擇之寬廣,遠比我們想像中要複雜許多,至於還有哪些植物的花部器官,也同樣吸引台灣棋石小灰蝶的青睞,便需要靠大家的敏銳觀察,答案總有一天可以水落石出。

【 攝食蝶種 】

雌紅紫蛺蝶
Hypolimnas misippus

台灣棋石小灰蝶
Shijimia moorei

休息中的台灣棋石小灰蝶(雄蝶)。

台灣棋石小灰蝶的食性十分寬廣(雄蝶)。

正在行日光浴的雌紅紫蛺蝶（雄蝶）。

遊訪於大花咸豐草花間的雌紅紫蛺蝶（雌蝶）。

車前草

白花鬼針草

Bidens pilosa

訪布骨消花間的雌蝶。

◆ 菊科 Compositae ◆

　　對於蝶類稍有認識的愛好者都知道，鬼針草類成員都是蝶類世界中著名的蜜源植物。它們廣泛分佈在台灣的低平原地區至中海拔山區，其中也包含狼把草及大狼把草兩種濕地生的成員。

　　但是鮮少有人知道，它們也是某些蝶類選擇產卵的對象，而三星雙尾燕蝶便是其中重要的蝶類。大約在1995年期間，埔里的羅姓友人於南山溪路旁的鬼針草上發現了三星雙尾燕蝶的產卵過程，並將產在葉柄中的蝶卵帶回人工飼養，但未能成功。1998年筆者於花蓮鯉魚潭畔的鬼針草上，又發現雌蝶的產卵過程，同時尋獲三條幼蟲，而牠們以鬼針草上的蚜蟲為食，所以三星雙尾燕蝶也算是一種肉食性蝶類的成員，與白紋黑小灰蝶、棋石小黑蝶及白雀斑小灰蝶有類似的肉食習性。

　　三星雙尾燕蝶是一種低山區十分常見的蝶類，成蝶經常駐足於各類野花間，其出色的體翅斑紋色彩，與野花交織所展現的美感，是攝影取材的絕佳畫面。

遊訪布骨消花間的雄蝶。

產卵後行日光浴的雌蝶。

【攝食蝶種】

三星雙尾燕蝶 *Spindasis syama*

三星雙尾燕蝶的卵。

白花鬼針草。

台灣芭蕉
Musa basjoo
var. *formosana*

◆ 芭蕉科 Musaceae ◆

　對農作物造成危害的蝶類並不多，比較著名的包括危害柑橘類果樹的無尾鳳蝶、危害十字花科蔬菜的紋白蝶、危害蘇鐵的蘇鐵小灰蝶、危害水稻的姬單帶挵蝶、危害椰子樹的紫蛇目蝶，再來就好像只有危害香蕉的香蕉挵蝶了。

　大約在民國80年代，香蕉挵蝶開始入侵台灣，當然蝶隻選擇產卵的植物，除了栽培的香蕉及芭蕉外，也包含所有引進的觀賞性芭蕉科植物，至於牠是如何入侵台灣本土則眾說紛紜，不過對於農業所造成的傷害，卻是不爭的事實。

　台灣的野生環境裡，也分佈著兩種芭蕉科植物，分別是蘭嶼芭蕉及台灣芭蕉，它們與栽培種一樣，均是香蕉挵蝶危害的對象。其實撇開害蟲的身分，香蕉挵蝶的習性還頗為特殊，幼蟲會築卷筒狀的巢穴，成蝶則擁有鮮紅的眼球，適合在陰暗處活動，雖然多出沒於黃昏或陰天，但也特別喜愛遊訪於花叢間，算是行為奇特的蝶類之一。

香蕉挵蝶是具有紅眼球的蝶類。

【攝食蝶種】

香蕉挵蝶 *Erionota torus*

卷筒狀的蟲巢。

香蕉挵蝶的終齡幼蟲。

聚生一處的蝶卵。

蟲巢內的蛹。

台灣芭蕉。

島田氏月桃
Alpinia shimadai

◆ 薑科 Zingiberaceae ◆

　　自從愛上蝴蝶那一刻起，迄今也過了三十個年頭。這麼多年的野外觀察紀錄中，能夠發現阿里山黑挵蝶的機會並不多，而成功拍攝到成蝶的生態圖檔也僅有幾次，圖中的蝶隻便是成果之一，地點位於宜蘭北橫明池海拔約1200公尺處的溪床林下環境。

　　其實能夠攝得圖中阿里山黑挵蝶的生態照片，實是拜寬尾鳳蝶之賜。

　　那是發生在五月底的某天，筆者由達觀山開車回家，路經北橫宣源時，首先遇到一隻寬尾鳳蝶停在台灣赤楊的葉片上休息，相隔十分鐘，在四陵溫泉的登山口，又目睹寬尾鳳蝶的雄蝶於林緣邊滑翔，更巧的是當車子抵達明池時，寬尾鳳蝶的身影又再次現身眼前，那一年在北橫地區，好像到處都有寬尾鳳蝶的蹤跡，在好奇心的驅使下，便停車觀看，走到溪畔邊時，就這樣巧遇阿里山黑挵蝶吸水及休息停棲的畫面，而一旁正在享用清泉的寬尾鳳蝶，則被摒棄在鏡頭之外。

　　在北橫一帶的宣源是台灣少數可以同時觀察到黑挵蝶、阿里山黑挵蝶及白波紋小灰蝶混棲一起的生態，這些蝶類多半選擇島田氏月桃為其共同的寄主。

【攝食蝶種】

黑挵蝶
Notocrypta curvifascia

阿里山黑挵蝶
Notocrypta feisthamelii arisana

白波紋小灰蝶
Jamides alecto dromicus

遊訪島田氏月桃的阿里山黑挵蝶（雄蝶）。

休息中的阿里山黑挵蝶（雄蝶）。

阿里山黑弄蝶的終齡幼蟲。

休息中的白波紋小灰蝶（雄蝶）。

非洲鳳仙花與黑弄蝶的雌蝶。

島田氏月桃的果實是白波紋小灰蝶幼蟲的食物來源。

島田氏月桃。

月 桃
Alpinia zerumbet

◆ 薑科 Zingiberaceae ◆

月桃是一種形態相當優美的植物，每每到了春夏期間，大型下垂的白色花序便會逐一成形，既醒目又顯眼，是台灣低海拔至平原地帶最為常見的植物之一。它的花朵是白波紋小灰蝶幼蟲喜愛的食物之一，葉片則特別受到黑挵蝶、蘭嶼黑挵蝶及大白紋挵蝶的青睞。

蘭嶼黑挵蝶的芳蹤僅見於離島蘭嶼，屬於菲律賓群島系統的熱帶性蝶類。每次前往蘭嶼，皆能順利看到蝶隻的身影，而最常出沒的地點有忠愛橋、天河瀑布及雙獅岩。

在挵蝶科成員中，大白紋挵蝶算是色彩出眾的美麗蝶類，族群數量遠少於常見的黑挵蝶，不過大體上族群數量還算普遍。至於白波紋小灰蝶及黑挵蝶，則全台灣普遍可見。另外野地裡常見的野薑花，也是這幾種相關蝶類的共同食草。

【攝食蝶種】

白波紋小灰蝶
Jamides alecto dromicus

黑挵蝶
Notocrypta curvifascia

蘭嶼黑挵蝶
Notocrypta feisthamelii alinkara

大白紋挵蝶 *Udaspes folus*

月桃的花朵。

野薑花是白波紋小灰蝶及黑挵蝶的另一種重要食草。

蘭嶼黑挵蝶是蘭嶼島的特產（雄蝶）。

正在行日光浴的大白紋挵蝶（雌蝶）。

黑挵蝶是山野裡常見的小型蝶類（雄蝶）。

白波紋小灰蝶的終齡幼蟲。

休息中的白波紋小灰蝶（雄蝶）。

白波紋小灰蝶的蛹。

月桃。

台灣蝴蝶食草

A Field Guide To Food Plants For Butterflies In Taiwan

Part.2

禾草、 竹類與棕櫚

颱風草
Setaria palmifolia

◆ 禾本科 Gramineae ◆

　　有此一說：「颱風草先端的摺痕多少，就表示那一年裡的風災有幾次」，筆者小時候就深信不疑，還為此事與同學辯論好幾次，現在回想當年實在是天真得可愛！

　　這種禾本科植物普遍可見，分佈於中海拔以下的山區至平地。與它親密的伙伴，也多屬於常見的蝶種，並以蛇目蝶及挵蝶科的成員為主。一般來說，黑樹蔭蝶、小蛇目蝶、姬蛇目蝶、單環蛇目蝶及切翅單環蛇目蝶等，是屬於林下活動的蝶類，平常厭惡陽光直射的環境，所以蝶隻不會造訪花叢。

　　但是其他挵蝶科成員中的達邦褐挵蝶以及竹紅挵蝶，卻是豔陽下的活躍份子，理所當然也是繁花叢中的常客。至於這些蝶類成員的習性有如此大的差異，似乎也只能說是大自然神奇的力量與奧妙了。

休息中的小蛇目蝶（雄蝶）。

駐足颱風草上的單環蛇目蝶（雄蝶）。

停留於禾草稈上的姬蛇目蝶（雌蝶）。

【攝食蝶種】

黑樹蔭蝶
Melanitis phedima polishana
小蛇目蝶
Mycalesis francisca formosana
姬蛇目蝶　*Mycalesis gotama nanda*
單環蛇目蝶　*Mycalesis sangaica mara*
切翅單環蛇目蝶　*Mycalesis zonata*
達邦褐挵蝶　*Polytremis eltola tappana*
竹紅挵蝶　*Telicota ohara formosana*

黑樹蔭蝶的夏型個體（雄蝶）。

正遊訪大花咸豐草花朵的竹紅挵蝶（雄蝶）。

行日光浴中的達邦褐挵蝶（雄蝶）。

切翅單環蛇目蝶是台灣低地常見的蝶類（雄蝶）。

颱風草。

台灣蘆竹
Arundo formosana

◆ 禾本科 Gramineae ◆

　　植物隨著種類的不同，各自生活在不同的環境裡，像台灣蘆竹族群就是喜愛群生在滿佈岩層的峭壁環境之中，由濱海沿岸直至海拔兩千公尺山區，都有它的蹤跡。

　　筆者在中橫公路的谷關至德基水庫間的峭壁旁，曾觀察過星褐挵蝶、狹翅挵蝶及達邦褐挵蝶的產卵過程，牠們選擇的食草都是台灣蘆竹。當然這些蝶類也會選擇其他禾本科植物做為繁衍後代的植物，如狹翅挵蝶特別偏愛芒草，而達邦褐挵蝶則熱衷於颱風草，至於星褐挵蝶似乎只迷戀台灣蘆竹一種。

　　另外與星褐挵蝶近似的霧社星褐挵蝶，其族群珍稀無比，觀察紀錄屈指可數，筆者於宜蘭太平山森林遊樂區境內海拔約500～1200公尺間的溪床邊，發現過兩次，棲息地附近有大量的台灣蘆竹分佈，推測其雌蝶應該也是以台灣蘆竹為產卵植物。如果這個推測屬實，那麼霧社星褐挵蝶的分佈範圍為何會如此狹隘，而且數量又是那麼稀少，應該也是一項值得探討的有趣生態課題。

【攝食蝶種】

星褐挵蝶
Aeromachus inachus formosana
狹翅挵蝶
Isoteinon lamprospilus formosanus
達邦褐挵蝶 *Polytremis eltola tappana*

經常遊訪大花咸豐草花間的星褐挵蝶（雄蝶）。

產卵後在地面上休息的星褐挵蝶（雌蝶）。

休息中的達邦褐挵蝶（雄蝶）。

正在吸食大花咸豐草花蜜的狹翅挵蝶（雌蝶）。

在濕水泥牆上吸食水分的狹翅挵蝶（雄蝶）。

霧社星褐挵蝶據推測也是以台灣蘆竹為寄主（雄蝶）。

台灣蘆竹。

早熟禾
Poa annua

◆ 禾本科 Grameae ◆

「石山溪」是一處地名，位在中橫海拔約1000公尺的路段，這裡是夢幻彩蝶「馬拉巴綠峽蝶」的產地。有一年七月下旬前往當地尋蝶拍攝，因為這種蝴蝶的族群稀有，必須採用食物引誘方式，才比較有機會見到蝶蹤，而鳳梨、黑砂糖搭配米酒的調配，則是絕佳的特製秘方。

在叢林裡擺設好香氣濃厚的鳳梨切片後，還要長時間的等待，趁著這段空檔時間，便走到公路上看看是否有其他蝶類的倩影，可以充當模特兒入鏡，就這樣發現了大藏波紋蛇目蝶產卵的過程。

這裡的公路兩旁自生不少的早熟禾族群，原以為產卵的雌蝶是最為常見的小波紋蛇目蝶，不過看牠腹面體翅的白色斑紋是如此醒目，也想起埔里羅姓友人曾經告知，當地有大藏波紋蛇目蝶的分佈，在求證的過程中，快門一次次地按下，精彩難得的產卵畫面，就這樣完整留下。

至於早熟禾的分佈，全台灣的山區普遍可見。其他蝶類還包含分佈於中海拔山區的江崎波紋蛇目蝶、台灣小波紋蛇目蝶及低平原地區十分常見的小波紋蛇目蝶等。

【 攝食蝶種 】

台灣小波紋蛇目蝶 *Ypthima akragas*
小波紋蛇目蝶 *Ypthima baldus zodina*
江崎波紋蛇目蝶 *Ypthima esakii*
大藏波紋蛇目蝶 *Ypthima okurai*

產卵中的大藏波紋蛇目蝶。

大藏波紋蛇目蝶的三齡幼蟲。

行日光浴的台灣小波紋蛇目蝶（雄蝶）。

休息中的小波紋蛇目蝶。

江崎波紋蛇目蝶的終齡幼蟲

早熟禾

李氏禾
Leersia hexandra

❧ 禾本科 Gramineae ❧

　　台灣山區到平原地帶的沼澤地裡，四處皆有李氏禾的蹤跡，它算是水生植物世界裡的優勢物種，可以挺水生長，植物體也能夠浮游於水面生活。而目前記錄到與李氏禾相依為命的蝶類以蛇目蝶科以及挵蝶科的成員為主，包含有台灣波紋蛇目蝶、樹蔭蝶、小黃斑挵蝶以及姬單帶挵蝶等四種。

　　談到這裡，讓人想起一本關於美國沼澤生態的書籍，內容談到不少濕地植物與蝶類的組合。這樣的概念絕少出現在台灣的自然圖書中，畢竟一般人對於蝶類生態的聯想，往往侷限在森林或草原上，好像跟水澤環境扯不上關係，其實並非如此，台灣有許多蝶類是必須依賴水生植物才能夠生存。相關的組合大致如下：泥花草與孔雀紋蛺蝶、水柳與紅擬豹斑蝶、水蓑衣與迷你小灰蝶、豆瓣菜與紋白蝶、合萌與荷氏黃蝶、風箱樹與小單帶蛺蝶等，當然李氏禾與小黃斑挵蝶更是絕佳拍檔。

　　小黃斑挵蝶是台灣最為袖珍的挵蝶科成員，族群隨李氏禾的分佈四處擴散，全台灣低平原的水澤環境十分常見。

小黃斑挵蝶是少數的沼澤性蝶類（雌蝶）。

【攝食蝶種】

台灣波紋蛇目蝶 *Ypthima multistriata*
樹蔭蝶 *Melanitis leda*
小黃斑挵蝶 *Ampittia dioscorides etura*
姬單帶挵蝶 *Parnara bada*

木息中的小黃斑挵蝶（雄蝶）。

樹蔭蝶的體型不小（雄蝶）。

行日光浴中的台灣波紋蛇目蝶（雄蝶）。

姬單帶挵蝶是平原地區常見的蝶類（雄蝶）。

水　稻
Oryza sativa

◆ 禾本科 Gramineae ◆

　　在所有關於蝶類的食草中，水稻絕對是大家最耳熟能詳的一種。它的穎果便是我們平常食用的主食「稻米」，而其葉片也是數種蝶類喜愛的食物，牠們分別是樹蔭蝶及姬單帶弄蝶。

　　也許因為姬單帶弄蝶經常危害水稻的關係，所以在中國地區也將這種蝶類稱呼為「稻弄蝶」。筆者的住家旁盡是水田環境，每當到了仲夏季節，總會有為數眾多的姬單帶弄蝶，飛臨到庭園內活動。

　　相形之下同為水稻親密夥伴的樹蔭蝶，在數量上便少了許多，或許是因為此種蝶類非如同姬單帶弄蝶一樣，屬於陽光下的生物，所以必須有樹林密集之處讓其躲藏，而以往蘭陽地區家家戶戶都有防風竹圍的存在，樹蔭蝶得以躲藏其間，那個年代的樹蔭蝶數量是相當龐大的，然而到了今天，這些具有文化特色的庭園防風竹林，多隨舊農舍的翻新而逐一遭到砍伐，因此導致樹蔭蝶無處躲藏，在族群數量上便銳減許多。

　　不過還好的是，只要蘭陽地區有水稻的栽培，便會有樹蔭蝶及姬單帶弄蝶的族群綿延，而筆者的庭園裡也就年年有彩蝶蒞臨的熱鬧景致，想想還真是幸福！

【攝食蝶種】

樹蔭蝶 *Melanitis leda*
姬單帶弄蝶 *Parnara bada*

遊訪於雨久花間的姬單帶弄蝶（雄蝶）。

行日光浴中的姬單帶弄蝶（雄蝶）。

休息中的姬單帶弄蝶（雌蝶）。

展翅休息的樹蔭蝶（雄蝶）。

水稻。

川上短柄草
Brachypodium kawakamii ◆ 禾本科 Gramineae ◆

　　思源埡口是宜蘭台七甲公路的最高點，這裡的海拔高度約兩千公尺，在地標處往宜蘭方向走上幾分鐘的路程，就會發現一處迴彎，一旁的路基下生長了幾棵殼斗科植物，這裡便是觀察雪山黃斑挵蝶及玉山黃斑挵蝶的好地點。

　　每年6～8月間，這兩種小型的稀有蝶類，總會駐足在錐果櫟或狹葉櫟的葉片上。運氣好時，也能觀察到雌蝶飛臨草叢裡找尋川上短柄草進行產卵的生態行為。

　　說起川上短柄草，它是中海拔山區常見的小型禾草，族群普遍分佈於全台灣海拔600～3000公尺的高地。除了挵蝶科成員外，蛇目蝶科的山中波紋蛇目蝶、台灣小波紋蛇目蝶、大藏波紋蛇目蝶等多位成員，也都是親密的夥伴。

　　這些蝶類多半屬於中海拔山區的蝶類，不過其中的達邦波紋蛇目蝶及大波紋蛇目蝶族群，主要還是見於低地環境，其中前者更是分佈侷限，目前已知穩定族群見於北濱公路沿海的丘陵地裡，兩者有混棲生活的現象。

【攝食蝶種】

台灣小波紋蛇目蝶
Ypthima akragas

江崎波紋蛇目蝶
Ypthima esakii

大波紋蛇目蝶
Ypthima formosana

大藏波紋蛇目蝶
Ypthima okurai

達邦波紋蛇目蝶
Ypthima tappana

山中波紋蛇目蝶
Ypthima conjuncta yamanakai

黑紋挵蝶
Caltoris cahira austeni

雪山黃斑挵蝶
Ochlodes bouddha yuckingkinus

玉山黃斑挵蝶
Ochlodes formosanus

川上短柄草。

分佈於北橫四陵的達邦波紋蛇目蝶（雄蝶）。

產卵過後，短暫休息的大藏波紋蛇目蝶。

產卵中的雪山黃斑挵蝶。

山中波紋蛇目蝶的分佈僅限於中海拔地區。

吸水中的玉山黃斑挵蝶（雄蝶）。

山中波紋蛇目蝶的終齡幼蟲。

正在享受陽光的大波紋蛇目蝶（雄蝶）。

休息狀態的黑紋挵蝶（雄蝶）。

休息中的台灣小波紋蛇目蝶（雄蝶）。

柔枝莠竹
Microstegium vimineum

禾本科 Gramineae

在野生植物的世界裡，禾本科植物所包含的分類屬別及成員，可說是極其複雜的一群，它們的形態多半其貌不揚，而且彼此形態相互模擬，造成視覺上的混淆不清，也因此多數的植物愛好者每每提到它們時，多半一筆帶過。

柔枝莠竹是禾本科植物的一員，同樣地在比比皆是近似種的情況下，想要一眼辨識出它的身份，確實不容易。這種擁有柳葉狀葉片的中型禾草，常見於山區路旁的濕潤環境，多半成群生長，目前記錄有三種蛇目蝶科成員的雌蝶，喜愛產卵在它的葉片上，分別是玉帶蔭蝶、台灣黑蔭蝶及銀蛇目蝶。

柔枝莠竹的分佈廣泛，台灣全島的低地至中海拔山區普遍可見，但以北部較為常見。說起來也十分有趣，在人工餵食蝶隻時，柔枝莠竹的葉片可以養活所有的波紋蛇目蝶及小蛇目蝶類，但為何在野外卻從來看不到這種親密關係，著實令人深感不解！

台灣黑蔭蝶喜愛活動於森林中（雄蝶）。

銀蛇目蝶的斑紋色彩獨特，不難區別（雄蝶）。

停棲在地上休息的玉帶黑蔭蝶（雄蝶）。

【攝食蝶種】

台灣黑蔭蝶 *Lethe butleri periscelis*
玉帶黑蔭蝶 *Lehthe verma cintamani*
銀蛇目蝶
Palaeonympha opalina macrophthalimia

玉帶黑蔭蝶的終齡幼蟲。

柔枝篬竹。

剛莠竹
Microstegium ciliatum

◆ 禾本科 Gramineae ◆

在龜山島尚未開放前，有幸與省立博物館的研究人員，前往島上探詢動植物生態，當時最為振奮人心的是，島上出產的台灣波紋蛇目蝶，後翅的眼斑有兩枚連接在一起，推測應該是新的島嶼型物種。

爾後為了確定這樣的斑紋只出現在龜山島上，便將以往在台灣各地拍攝的台灣波紋蛇目蝶全數找出來，來自全台灣不同地點所拍攝的數十張圖片中，眼圈斑紋的大小及連接與否，差異頗大，這才恍然大悟原來台灣波紋蛇目蝶的眼斑變化，會隨產地不同與季節變化而改變，也就是說這種現象應該只是以往觀察時忽略了。

為了更確定推測屬實，便由基隆至宜蘭蘇澳間的沿岸山區進行徹底調查，這一帶眼斑連接一起的個體到處都有，而且同一產地也會出現無連接或眼斑接近連接的個體，自此對於新物種的確認，在辨識上也就更加謹慎，以免發生誤認。

也因為那一次的謎團探詢，讓我在北濱公路發現了一處台灣波紋蛇目蝶、大波紋蛇目蝶、小波紋蛇目蝶及達邦波紋蛇目蝶共同混棲的地點，並與剛莠竹有著密不可分的關係。不過深感遺憾的是，那種眼斑連接一起的台灣波紋蛇目蝶，最後還是被發表為新種。

剛莠竹屬於一年生植物，族群主要分佈於海拔1200公尺以下山區，全台灣普遍分佈，通常成群生長於林緣邊陽光充裕之處。

【攝食蝶種】

台灣波紋蛇目蝶 *Ypthima multistriata*
大波紋蛇目蝶 *Ypthima formosana*
小波紋蛇目蝶 *Ypthima baldus zodina*
達邦波紋蛇目蝶 *Ypthima tappana*
黑紋挵蝶 *Caltoris cahira austeni*

這隻眼斑連接一起的台灣波紋蛇目蝶，見於北濱公路的南雅村（雌蝶）。

同樣於南雅村拍攝到眼斑沒有連接的台灣波紋蛇目蝶（雄蝶）。

桃園巴陵出產的台灣波紋蛇目蝶，眼斑小型（雄蝶）。

蘇澳出產的台灣波紋蛇目蝶眼斑幾乎都是連接的（雄蝶）。

產卵後短暫休息的小波紋蛇目蝶（雌蝶）。

正在行日光浴的小波紋蛇目蝶（雄蝶）。

攝於台北新店山區的黑紋挵蝶（雌蝶）。

剛蓁竹

芒 草
Miscanthus sinensis

◈ 禾本科 Gramineae ◈

想要全盤瞭解禾本科植物的分類，可真不是一件容易的事，像五節芒與芒草間的形態就十分接近，區別困難。不過沒關係，在蝴蝶食草的世界裡，它們的功能都是相同的。

印象中，許多高地性蔭蝶，都喜愛選擇玉山箭竹做為產卵植物，其實也並不盡然，牠們反而更偏愛芒草，如白色黃斑蔭蝶或白尾黑蔭蝶就是很好的例子。

筆者曾在一個很偶然的機會發現了白色黃斑蔭蝶與白尾黑蔭蝶的產卵過程及幼生期。幾年前的初秋十月，筆者開車從北橫公路回家時，在大曼附近看見一位老外背著沉重的登山裝備走在路上，當時天色已晚，便好奇問他要到哪裡？他說：「太平山」，還天真地以為「再一個小時就到了！」筆者就說：「步行一天恐怕都還到不了！」，他驚訝的表情讓我興起幫助他的念頭。那天，便帶他回家做客，隔天專程開車送他到太平山。

上午抵達太平山後，便陪著這位英國佬在往翠峰湖的林道間散步，結果意外發現幾隻白色黃斑蔭蝶產卵的過程。原來雌蝶會將卵聚產在芒草稈的基部，接下來也目擊了白尾黑蔭蝶將卵聚產在上層芒草稈的葉背上，同時也尋獲許多幼蟲。

在回程時，又看見幾隻飛行姿態陌生的蔭蝶在公路旁活動，仔細一瞧，居然是夢寐以求的鹿野黑蔭蝶，先前探詢蝶類的十餘年間屢尋無獲，卻在這種機緣下巧遇。每當回憶此事，就覺得或許是日行一善的關係，天神回贈筆者一份令人畢生難忘的禮物吧！

其實與芒草搭配的蝶類，應該至少包含有二十種以上，但苦於其他種類因為無法於野外發現幼生期或雌蝶的產卵紀錄，所以這裡還是以介紹明確種類為主，至於還有哪些蛇目蝶或挵蝶科成員與芒草有著密不可分的關係，就等待大家共同來探討了！

【攝食蝶種】

波紋白條蔭蝶
Lethe rohria daemoniaca

白色黃斑蔭蝶
Neope armandii lacticolora

鹿野波紋蛇目蝶
Ypthima praenubilia kanonis

白尾黑蔭蝶
Zophoessa dura neoclides

環紋蝶
Stichophthalma howqua formosana

狹翅黃星挵蝶
Ampittia virgata myakei

台灣單帶挵蝶　*Borbo cinnara*

狹翅挵蝶
Isoteinon lamprospilus formosanus

台灣大褐挵蝶　*Pelopidas conjuncta*

褐挵蝶　*Pelopidas mathias oberthueri*

中華褐挵蝶　*Pelopidas sinensis*

奇萊褐挵蝶　*Polytremis kiraizana*

大褐挵蝶　*Polytremis theca asahinai*

小紋褐挵蝶　*Pseudoborbo bevani*

正在石塊上行日光浴的台灣大褐挵蝶（雄蝶）。

白色黃斑蔭蝶在中海拔地區頗為常見（雄蝶）。

在中橫石山溪路旁水泥牆上吸水的奇萊褐挵蝶（雄蝶）。

吸水中的大褐挵蝶（雄蝶）。

芒草

122

遊訪大花咸豐草的狹翅挵蝶（雄蝶）。

白尾黑蔭蝶是中海拔地區常見的蝶類（雌蝶）。

環紋蝶的幼蟲。

鹿野波紋蛇目蝶算是分佈狹隘的蝶類（雄蝶）。

鹿野波紋蛇目蝶的終齡幼蟲。

享受日光浴的台灣單帶挵蝶（雄蝶）。

狹翅黃星挵蝶的蹤跡遍及台灣各處山區（雄蝶）。

聚集一起享用鳳梨大餐的環紋蝶。

正在吸食花蜜的褐挵蝶（雌蝶）。

喜愛吸食鳥糞的小紋褐挵蝶（雄蝶）。

休息中的波紋白條蔭蝶（雌蝶）。

桂　竹
Phyllostachys makinoi

◆ 禾本科 Gramineae ◆

　　就蝶類幼蟲的食物來源而言，本書內文所介紹的桂竹、玉山箭竹及芒草，它們的功能都是相同的，也就是說這三種植物至少可以養活三十種以上的環紋蝶科、蛇目蝶科及挵蝶科成員。

　　不過，植物與蝶類間的親密關係，因為分佈海拔高低的不同，牠們會各自選擇喜愛的食草。就像雌褐蔭蝶，牠是山區廣泛分佈的蝶種，棲息在低海拔的族群，雌蝶自然選擇桂竹或綠竹為其寄主，然而在高海拔地區活動的蝶隻，就必須依賴玉山箭竹來延續族群的命脈。不過只要是進行人工養殖時，採用芒草餵食，也同樣可以順利成長。本文介紹的各種蔭蝶都是森林的生物，厭惡在陽光下活動，習性大致相同，也都喜愛吸食果汁、樹液或動物排遺，就是不會出現在花叢間。但是這裡唯一挵蝶科成員的埔里紅挵蝶，在陽光下特別活躍，理所當然各種野花所釋放出來的蜜汁，也就成為此蝴蝶甜美的食物來源了。

【攝食蝶種】

雌褐蔭蝶 *Lethe chandica ratnacri*
玉帶蔭蝶 *Lethe europa pavida*
深山玉帶蔭蝶
Lethe insana formosana
大玉帶蔭蝶 *Lethe mataja*
台灣黃斑蔭蝶 *Neope bremeri taiwana*
永澤黃斑蔭蝶
Neope muirheadi nagasawae
白條斑蔭蝶 *Penthema formosanum*
環紋蝶
Stichophthalma howqua formosana
方環蝶 *Discophora sondaica*
埔里紅挵蝶
Telicota bambusae horisha

正在吸食竹子汁液的玉帶蔭蝶（雄蝶）。

桂竹的葉片。

桂竹開花的形態。

桂竹。

停棲在葉片上的深山玉帶蔭蝶（雌蝶）。

白條斑蔭蝶的蛹。

休息中的深山玉帶蔭蝶（雄蝶）。

白條斑蔭蝶的終齡幼蟲。

停於地面休息的白條斑蔭蝶（雌蝶）。

休息中的大玉帶蔭蝶（雄蝶）。

白條斑蔭蝶的卵。

在公路旁護牆上吸食露水的台灣黃斑蔭蝶（雄蝶）

雄性的雌褐蔭蝶，與雌蝶的斑紋色彩差異頗大。

行日光浴中的埔里紅挵蝶（雄蝶）。

駐足在樹幹上吸食汁液的永澤黃斑蔭蝶（雄蝶）。

大型又美麗的環紋蝶是山區竹林裡常見的蝶類。

方環蝶是近期侵入台灣的蝶類（雄蝶）。

玉山箭竹

Yushania niitakayamensis

◆ 禾本科 Gramineae ◆

海拔1500公尺以上的高地是玉山箭竹生長的家，它的形態會隨海拔高度產生些許變化，如3000公尺以上的高地，因為地處草原地帶，迎風面大，所以族群多呈現低矮狀態，但是降低高度到了中海拔山區的森林環境時，則由於受到大型樹林庇護的關係，植物體便形成高大的形態。

但是不管如何，玉山箭竹都是台灣中高海拔山區常見的竹類植物，與它有親密關係的蝶類當中，不乏許多珍稀種類，過往精采探詢點滴的愉悅心情，也隨之湧上心頭。不過累積的有趣故事甚為豐富，非三言兩語可以帶過，就像青剛櫟與它的夥伴一樣，限於篇幅的關係，在這裡也只能舉一實例來與讀者們分享，那就選擇阿里山褐蔭蝶吧。

在還沒進入故事情節前，我們先來看看阿里山褐蔭蝶的生態習性。牠是一種美麗的蛇目蝶，偏紅的體翅有別於一般蔭蝶的灰暗色彩，顯得亮麗而且討人喜愛。雖然相關的文獻記載，牠的族群廣佈於台灣全島的中海拔山區，但野外目擊的羽化蝶隻數量卻十分稀少而且難得一見。筆者記錄的產地有宜蘭思源埡口、南投合望山及台中石山溪等，海拔介於1200～2500公尺間，桃園拉拉山發現的產地，才是本文記述的重點。

記得在許多年前，埔里的羅性友人告訴筆者，他的父親曾在拉拉山採獲鹿野黑蔭蝶，這是筆者夢寐以求的蝶種之一。

那年七月上旬，大夥相約入山探尋，抵達目的地時天色已晚。

從達觀山輕裝步行至此，少說也要三個鐘頭的時間，而朋友卻背了一台小型發電機進來，體力之佳讓人佩服得五體投地。我們盤算，在海拔1500公尺的深山裡，應該棲息不少栗色深山鍬形蟲，同時也有發現新種昆蟲的可能，畢竟這裡是塊處女地，等誘集燈照亮之後，大夥的心情也隨之高昂起來。

果然不久，一隻碩大無比的雄性台灣長臂金龜首先蒞臨，這讓我們雀躍不已。接下來又有雌性長臂金龜、深山扁鍬形蟲、兩點翅鍬形蟲等等，「天啊！怎麼都是超級普通種。」筆者和朋友開始懊惱起來，就在凌晨當汽油耗盡的同時，我們尋找新種鍬形蟲的夢想也隨之破滅殆盡！

隔天，我們在林中小鳥的鳴叫聲中清醒過來，霧氣環繞四周，由於蝶類還沒開始出現，便走上登山小徑上，找尋其他蝶類的幼生期，就這麼發現了阿里山清風藤與褐翅綠挵蝶的關係，接著又在月桃屬植物上找到阿里山黑挵蝶的卵粒及幼蟲。

當陽光普照林中已近九點，樹梢上隱約可見到綠小灰蝶的蹤影，同時蛇目蝶類也開始在箭竹叢裡群飛。突然聽到友人興奮的喊叫聲，原來他採獲到阿里山褐蔭蝶，這真是好的開始。不過天公不作美，短暫的晴天過後，隨即而來的卻是霧雨不斷，無奈之餘，我們只好選擇下山，也留下了拉拉山是否有鹿野黑蔭蝶分佈的謎團！

雖說如此，此行的探尋也受益良多，至少阿里山褐蔭蝶的產地又新增了一處。

阿里山褐蔭蝶是台灣的珍稀蝶類（雌蝶）。

玉山箭竹。

正停棲休息的台灣黃斑蔭蝶（雄蝶）。

鹿野黑蔭蝶屬於難得一見的蝶類（雄蝶）。

專注吸食樹液的深山玉帶蔭蝶（雌蝶）。

交尾中的雌褐蔭蝶。

休息中的深山玉帶蔭蝶（雄蝶）。

雌褐蔭蝶的終齡幼蟲。

水泥牆上吸水的深山蔭蝶（雄蝶）。

休息中的阿里山黃斑蔭蝶（雄蝶）。

休息中的大玉帶蔭蝶（雄蝶）。

麻　竹
Dendrocalamus latiflorus　　　◈ 禾本科 Gramineae ◈

當我在編寫禾本科植物的時候，最先想到的親密夥伴便是棋石小灰蝶，畢竟所有與禾本科植物相關連的蝶類通常僅限於環紋蝶、蛇目蝶及挵蝶科成員，那為什麼連小灰蝶也牽扯其中呢？

簡單地說，棋石小灰蝶的幼蟲屬於肉食行為，特別嗜好竹類上繁衍的竹葉扁蚜 (*Astegopteryx bambusifoliae*)，而不是真正以攝食禾本科植物維生。因為牠的生態是如此獨樹一幟，原本因為成蝶生態圖檔的不足而放棄，苦惱之餘剛好友人劉正凱告知，他在台南關子嶺附近的山區發現有穩定族群，七月上旬我們便到現場一探究竟。

這是一條通往曾文水庫的小型產業道路，沿途植被其實是相當的糟糕，主要由麻竹林構成。清晨才六點出頭，陽光已相當絢麗，友人阿凱馬上帶領筆者找尋棋石小灰蝶的幼生期，由卵、各齡幼蟲到化於葉背的蛹都一一順利尋獲。

接著也看到雌蝶產卵的過程，牠們通常選擇竹葉扁蚜群生的中心點產下卵粒，並視扁蚜族群的多寡而定。看看時間才九點不到，爾後也陸續發現十餘隻的成蝶在竹林間活動，牠們那黑白交織的斑紋色彩十分出色完美，不過畢竟體型很小，加上又與近似種台灣黑星小灰蝶混棲於同一區域，一般人很少會注意到牠的存在。

總而言之，如果不是友人劉正凱的敏銳觀察力，讓筆者可以在南投奧萬大發現族群的十餘年後，又再次與棋石小灰蝶相遇，並攝得完美的生態畫面，這都要歸功於好友的鼎力相助。

至於其他攝食麻竹的相關蝶類，與桂竹大致相同，在此便不再重複介紹了。

【攝食蝶種】

雌褐蔭蝶
Lethe chandica ratnacri
玉帶蔭蝶
Lethe europa pavida
永澤黃斑蔭蝶
Neope muirheadi nagasawae
白條斑蔭蝶
Penthema formosanum
環紋蝶
Stichophthalma howqua formosana
方環蝶
Discophora sondaica
埔里紅挵蝶
Telicota bambusae horisha
棋石小灰蝶
Taraka hamada thalaba

休息中的棋石小灰蝶（雄蝶）。

產卵中的棋石小灰蝶。

求偶中的棋石小灰蝶，左雄右雌。

麻竹。

棋石小灰蝶產於扁蚜族群中的卵。

棋石小灰蝶的蛹。

棲息在扁蚜族群中的棋石小灰蝶幼蟲。

棋石小灰蝶的終齡幼蟲。

休息中的雌褐蔭蝶（雄蝶）。

棋石小灰蝶的前蛹。

吸食柑桔汁液的永澤黃斑蔭蝶（雄蝶）。

玉帶蔭蝶的雌蝶會在黃昏時產卵。

遊訪馬纓丹的埔里紅挵蝶（雄蝶）。

在牆上吸食水分的白條斑蔭蝶（雄蝶）。

休息中的方環蝶（雌蝶）。

環紋蝶的體翅橙黃、大型，不難辨別（雄蝶）。

山 棕
Arenga engleris

◆ **棕櫚科 Palmae** ◆

飛行中的黑星弄蝶（雌蝶）。

台灣的原生棕櫚科植物寥寥無幾，其中的蒲葵、台灣海棗、山檳榔及山棕，都是紫蛇目蝶與黑星弄蝶共同的幼生期食物來源。為何選擇山棕做為代表性植物介紹，主要是它的芳蹤遍及全台灣的山林裡，是最為常見的野生植物之一。但是像蒲葵的自然分佈僅見於宜蘭龜山島，山檳榔是蘭嶼地區的特有植物，台灣海棗雖然分佈較為廣泛，但族群也侷限在少數海岸地帶的陽性環境裡。

不過除了台灣所產的原生棕櫚科植物外，紫蛇目蝶與黑星弄蝶也同樣喜愛各種引進栽培的棕櫚科成員，像椰子樹、檳榔、大王椰子、黃椰子及酒瓶椰子等數十種不同品種，都是牠們選擇產卵的對象，也因此這兩種蝶類便成為園藝農業單位列管的害蟲。

一般來說，蛇目蝶科成員大都喜愛棲息在陰涼環境，然而紫蛇目蝶的成蝶卻喜愛陽光，平常以吸食水分、樹液、果汁、動物排遺為主，偶爾也會遊訪花叢間。黑星弄蝶也同樣是全台灣普遍可見的蝶類，平常除了愛訪花之外，亦會吸食鳥類排放的白色排遺物。

【**攝食蝶種**】

紫蛇目蝶
Elymnias hypermnestra hainana
黑星弄蝶 *Suastus gremius*

木息中的黑星弄蝶（雄蝶）。

停棲在月桃葉上休息的紫蛇目蝶（雄蝶）。

紫蛇目蝶的飛行姿態（雌蝶）。

紫蛇目蝶的蛹。

山棕。

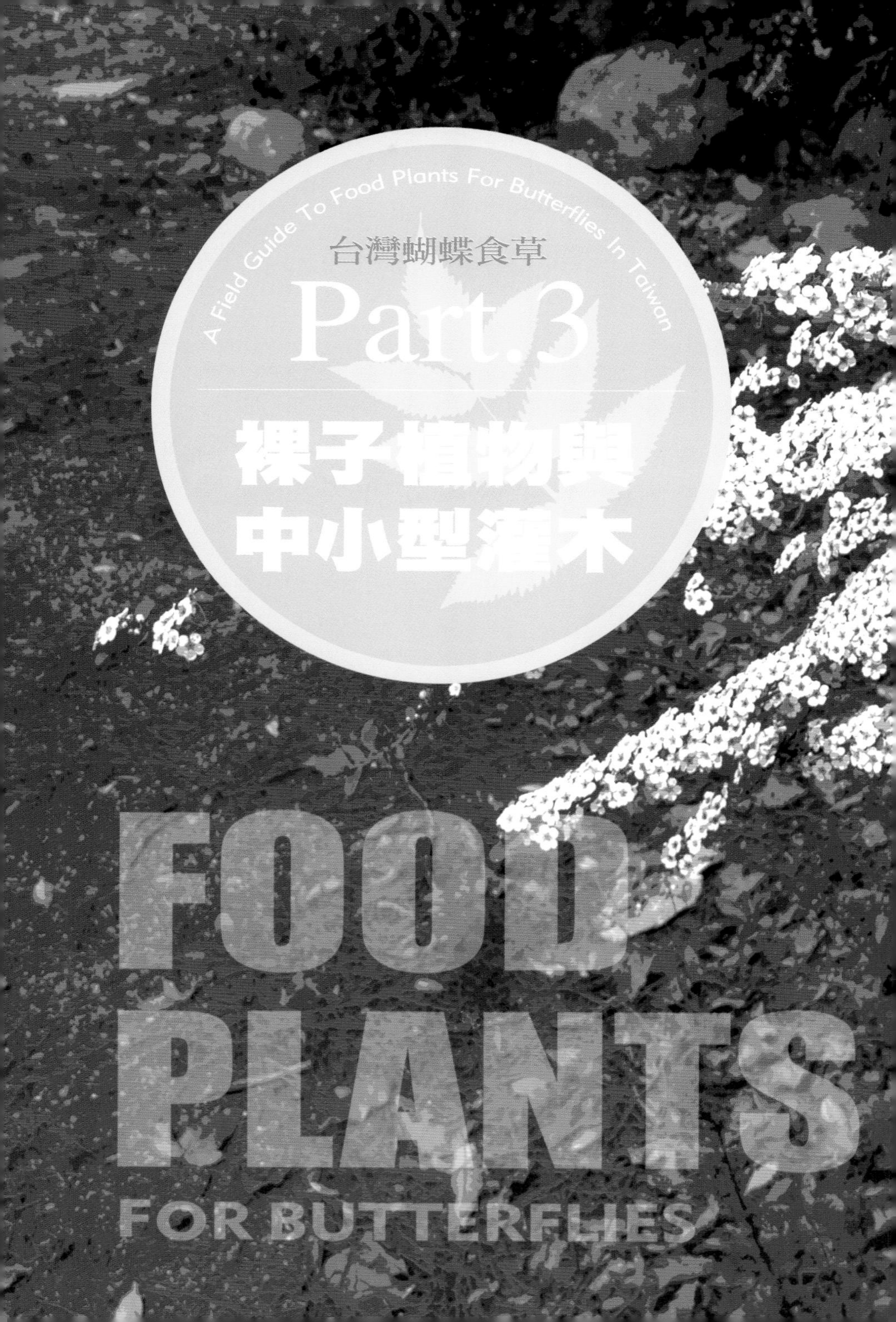

A Field Guide To Food Plants For Butterflies In Taiwan

台灣蝴蝶食草

Part.3

裸子植物與中小型灌木

FOOD PLANTS FOR BUTTERFLIES

蘇　鐵
Cycas revolute

◆　蘇鐵科 **Cycadaceae**　◆

　　多年前，筆者與摯友阿國到台北八仙樂園一遊，看見園區栽培不少蘇鐵，一種從未見過的小灰蝶，不時穿梭其間。仔細查看，每棵蘇鐵新生的嫩芽上，至少都停留數十隻的成蝶，有些進行交尾、有些產卵中，鮮紅體色的幼蟲，更是多到無法計數，這種危害蘇鐵的昆蟲，後來才明白，牠是當時新紀錄種的蝶類「蘇鐵小灰蝶」。

　　爾後族群漸漸普及，尤其是台灣的中南部地區，全年都可以旺盛的繁衍，越往北走，冬季便難得發現成蝶的蹤跡。

　　一般來說，本種只攝食寄主植物的嫩芽部分，假如食物豐富的話，蘇鐵小灰蝶一年至少能綿延四代以上的數量。羽化後的成蝶愛訪花，並經常駐足於鬼針草、馬纓丹或長穗木等野花間，亦會飛臨於濕地上享用清泉。

　　當然，蘇鐵小灰蝶除了選擇引進的蘇鐵科植物之外，原生的台灣蘇鐵也是雌蝶喜愛選擇產卵的對象；不過這種珍貴的子遺植物，自然分佈僅限於台東縣境內的少數山區裡，並不容易見到。

休息中的雄蝶。

遊訪於大花咸豐草間的雄蝶。

交尾中的蘇鐵小灰蝶。

【攝食蝶種】

蘇鐵小灰蝶
Chilades pandava peripatria

終齡幼蟲的色彩鮮紅。

蘇鐵小灰蝶危害的情況。

蘇鐵。

沙楠子樹
Celtis biondii

◆ 榆科 Ulmaceae ◆

　　一般說來，沙楠子樹的分佈並不普遍，喜愛生長在崩塌環境，產地通常位在1000公尺以下的山區，尤其在台灣中部以南地區較為常見。相關的蝶類包括了白蛺蝶及國姓小紫蛺蝶，牠們皆為國際知名的蝶類；前者分佈較廣泛，能夠見於中南部的低地，而國姓小紫蛺蝶的分佈，則僅限於海拔500公尺以上的山區。

　　中橫公路的谷關一帶是白蛺蝶與國姓小紫蛺蝶最佳的混棲地點。尤其在往梨山方向不遠處有座隧道，一旁的崩塌地自生了許多沙楠子樹族群，只要在這裡擺放幾塊香味濃郁的鳳梨片，就能引誘牠們現身。

　　拍攝牠們是相當有趣的經驗，那年十月初來到當地尋找蝶蹤，擺上鳳梨的同時，永澤黃斑蔭蝶就像雷達般瞬間靠近。隨後看見幾隻白蛺蝶及國姓小紫蛺蝶也聞香而來，並在附近徘徊，牠們絕頂聰明，會先行察言觀色然後才慢慢接近食物，而不是像一般蝶類那樣，直接飛往食物處。

　　通常確定安全性之後，會先行停留於鄰近的枝幹上，然後才慢慢飛向食物進行吸食，這樣的過程，往往需要花費數十分鐘，甚至一個多小時的時間，說牠們是最「謹慎」的蝶類，實在一點都不為過。

【攝食蝶種】

國姓小紫蛺蝶 *Helcyra plesseni*
白蛺蝶 *Helcyra superba takamukui*
豹紋蝶 *Timelaea albescens formosana*
長鬚蝶 *Libythea celtis formosana*

沙楠子樹。

停於櫸木樹幹上的白蛺蝶（雄蝶）。

國姓小紫蛺蝶的卵。

白蛺蝶的終齡幼蟲。

國姓小紫蛺蝶的終齡幼蟲。

休息時國姓小紫蛺蝶經常將翅伸平行日光浴（雄蝶）。

國姓小紫蛺蝶的蛹。

選擇沙楠子樹產卵中的長鬚蝶。

吸食水分中的豹紋蝶（雄蝶）。

香味濃郁的鳳梨來引誘國姓小紫蛺蝶，效果奇佳（雌蝶）。

青苧麻

Boehmeria nivea
var. tenaciacissima

◆ 蕁麻科 Urticaceae ◆

　　青苧麻是台灣全島低山至平原地帶普遍可見的小型草本狀灌木，並且有三種彩蝶喜愛與它為伍，分別是黃三線蝶、紅蛺蝶及細蝶；其中以細蝶的生活史最為有趣。細蝶的雌蝶在交配後，會將卵聚產在青苧麻的葉背上，幼蟲群體生活。羽化後的成蝶，慵懶十足，活動範圍通常就限於方圓幾公尺內。雖然筆者在野外見過的細蝶數量不下千、萬隻，但截至目前為止，還未曾看過蝶隻有訪花、吸水或覓食其他養分的畫面，台灣懶蝶排行榜后座非牠莫屬。

　　紅蛺蝶算是一種溫帶性的蝶類，平原地區常見於秋冬兩季，牠的幼蟲有結網築巢的習慣，所以要在青苧麻身上找到幼蟲的身影十分容易。到了中海拔地區，夏天才是紅蛺蝶活躍的季節，不過高地上並無青苧麻的分佈，而是選擇同科中，人人害怕的咬人貓(*Urtica thunbergiana*)為寄主。

　　至於細蝶、黃三線蝶及紅蛺蝶的野外共同食草，還包含了水麻(*Debregeasia orientalis*)這種蕁麻科唯一的水麻屬成員。

黃三線蝶搭配大花咸豐草的畫面，堪稱經典（雄蝶）

飽食果汁大餐後，張翅休息的紅蛺蝶（雄蝶）。

【攝食蝶種】

黃三線蝶
Symbrenthia lilaea formosanus
細蝶 *Acraea issoria formosana*
紅蛺蝶 *Vanessa indica*

紅蛺蝶的終齡幼蟲。

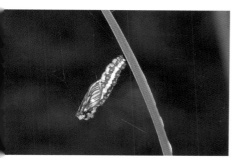

細蝶的蛹。

水麻與細蝶的幼蟲，水麻也是文中蝶類共同的食草。

休息時雙翅平放的細蝶（雄蝶）。

青苧麻。

落尾麻
Pipturus arborescens

◆ 蕁麻科 Urticaceae ◆

　　在蕁麻科植物當中，落尾麻的形態算是比較奇特的一種，它的木質莖可以長得十分高大，感覺就像是矮化的小喬木那樣，再加上大型的葉片搭配其間，十分容易辨識。族群主要見於台灣北濱公路的龜山島、花東海岸到恆春半島及蘭嶼、綠島，算是濱海山區著名的蕁麻科植物。

　　一般來說，八重山紫蛺蝶算是島嶼型的蝶類，特別是在綠島地區有著穩定的族群數量，幾次的3~4月間前往，皆能見到數十隻成蝶遊訪於雙花蟛蜞菊花間的熱鬧景致。不過因為落尾麻的特殊分佈，導致八重山紫蛺蝶的族群分佈也相當狹隘，目前除了綠島、龜山島的族群繁衍固定外，蘭嶼及恆春半島偶爾發生，花東海岸及北濱公路的沿途，則無蝶隻的發現紀錄。

訪花後短暫休息的雌蝶。

雌蝶前翅擁有亮麗藍紋。

【攝食蝶種】

八重山紫蛺蝶
Hypolimnas anomala

訪花中的雌蝶。

雄蝶的下翅偏紅。

落尾麻。

阿里山十大功勞
Mahonia oiwakensis

◆ 小蘗科 Berberidaceae ◆

　在本文的圖片裡有張高山粉蝶的產卵鏡頭，這是個人攝影生涯中最為喜愛的照片之一。說來也巧，1992年7月前往中橫大禹嶺尋蝶取景，在拍攝過程中，一隻高山粉蝶掠過眼前，並飛入一旁的叢林內，心生好奇便尾隨入林。仔細查看，原來是隻雌蝶，像是要選擇植株產卵的模樣，隨後果然在一棵約人高的阿里山十大功勞旁徘徊不去，最後終於駐足葉背產下卵塊，整個過程約花上二十分鐘的時間，雌蝶才飄然離去。

　接著在叢林中，陸續發現各類小蘗科植物的葉背上，也都有卵塊及幼蟲的蹤影。就這樣一路觀察高山粉蝶的幼生期，卵約7~10天孵化，以三齡幼蟲渡冬並且群聚生活，直到隔年春季又開始進食、化蛹，5~8月則是成蝶陸續羽化的季節，屬於一年一世代綿延族群的蝶種。

　阿里山十大功勞為台灣特有植物，於全台灣中海拔山區普遍可見，通常生活於原始森林中，花朵鮮黃，具有高度的觀賞價值。

【 攝食蝶種 】

高山粉蝶
Aporia agathon moltrechti

產卵中的高山粉蝶。

進行求偶的高山粉蝶。

高山粉蝶的終齡幼蟲。

遊訪於忍冬屬植物花叢間的雄蝶。

阿里山十大功勞

笑靨花

Spiraea prunifolia
var. pseudoprunifolia

◆ 薔薇科 Rosaceae ◆

　　如果春季想到北橫大曼、中橫公路的合歡溪或嘉義阿里山一帶探詢自然生態的話，那麼請多注意當地岩石峭壁的路段，或許就有機會欣賞到笑靨花潔白秀麗的花朵，讓人心情頓覺清爽無比。

　　每當三月降臨時，渡氏烏小灰蝶的越冬卵便會陸續孵化成長，而星點三線蝶破舊的渡冬成蝶，也開始進行交配，世代的綿延就此展開。

　　筆者喜歡渡氏烏小灰蝶的訪花鏡頭，牠是優秀的模特兒，不管是在有骨消、笑靨花或鬼針草的花叢上，蝶隻總會恬靜的依戀其間，絕佳的生態照片就這樣一張張地出爐。

　　假如讀者們也想要一睹渡氏烏小灰蝶秀麗的俏模樣，5～7月是成蝶的羽化期。當然像北橫大曼、南投惠蓀林場海拔500～1000公尺的山區，蝶隻多出現在5～6月間；而中橫合歡溪或嘉義阿里山一帶的高海拔山區，成蝶的羽化期就延遲至6～7月才陸續發生。

【攝食蝶種】

星點三線蝶 *Neptis pryeri jucundita*
渡氏烏小灰蝶 *Fixsenia watarii*

笑靨花的植株。

笑靨花的潔白花朵。

正在吸食大花咸豐草的渡氏烏小灰蝶（雄蝶）。

遊訪有骨消花間的渡氏烏小灰蝶（雌蝶）。

笑靨花。

渡氏烏小灰蝶的卵。

吸食水分的星點三線蝶（雄蝶）。

渡氏烏小灰蝶的蛹。

秋季時星點三線蝶經常蒞臨火炭母草花間（雌蝶）。

毛胡枝子
Lespedeza formosa

◆ 豆科 Leguminosae ◆

　　在台灣的北橫、中橫或南橫公路，海拔約400~2000公尺間的乾燥環境，兼具易於崩塌的峭壁地形，這裡便是毛胡枝子的家。台灣其他蝶類的食草，如黃鳳蝶攝食的台灣前胡及渡氏烏小灰蝶的產卵植物笑靨花，也都是分佈在同樣環境的物種，三者因此經常混生在一起。

　　就個人來說，對於毛胡枝子的喜愛特別強烈，因為在筆者家前的花園裡，便栽培了幾株毛胡枝子，它的花朵幾乎全年綻放，眾多粉紅花朵群放的繁盛景緻，令人喜愛。

　　在中橫的德基水庫一帶，曾觀察過數種蝶類與毛胡枝子有著親密的關係，琉璃小灰蝶、角紋小灰蝶及琉球波紋小灰蝶，習慣將卵產於花苞上，而台灣黃蝶則攝食它的葉片。一般來說，琉璃小灰蝶的分佈狹隘，難得見其蹤影，是琉璃小灰蝶類家族中最為罕見的成員。

大花咸豐草與台灣黃蝶（雌蝶）。

遊訪於白花鬼針草花間的角紋小灰蝶（雄蝶）。

【攝食蝶種】

琉璃小灰蝶
Celastrina argiolus caphis
琉璃波紋小灰蝶
Jamides bochus formosanus
台灣黃蝶 *Eurema blanda arsakia*
角紋小灰蝶 *Syntarucus plinius*

休息中的琉璃波紋小灰蝶（雌蝶）。

吸水中的琉璃小灰蝶（雄蝶）。

琉璃小灰蝶的卵。

琉璃小灰蝶的蛹。

琉璃小灰蝶的終齡幼蟲。

毛胡枝子

篦　麻
Ricinus communis

◆ 大戟科 Euphorbiaceae ◆

　　筆者一直有個疑問，篦麻原產於非洲，是一種歸化植物，而與它有親密關係的樺蛺蝶，是否也是跟隨而來的非法入境蝶類呢？

　　在台灣，樺蛺蝶的食草好像就只有篦麻，而篦麻是後來才引進台灣栽植的外來種植物，如果說樺蛺蝶原先就分佈在台灣的話，那先前雌蝶選擇的產卵植物又是那一種植物呢？我想這個問題就等讀者自己來揭曉吧！

　　平心而論，不管樺蛺蝶的身份如何，牠確實是一種美麗的蝴蝶。畢竟台灣產的蝶類當中，擁有紅色體翅的種類相當稀少，而樺蛺蝶卻填補了這樣的空缺，台灣彩蝶的面相，才能呈現出如此的多樣性。

　　由於篦麻是一種荒地性質的植物，理所當然樺蛺蝶也就成為這類環境的代表性蝶種。成蝶愛訪花，也喜愛吸食樹液、熟果或動物排遺，在炎炎夏日時，蝶隻也會駐足於水濕地上補充礦物質。

　　在中南部地區，全年可見樺蛺蝶的蹤跡，越往北部族群的數量越少見，宜蘭地區則尚無分佈。

【攝食蝶種】

樺蛺蝶 *Ariadne ariadne pallidior*

正在行日光浴的雄蝶。

將卵產於葉背中的樺蛺蝶。

產卵中的雌蝶見於恆春半島。

樺蛺蝶的卵。

樺蛺蝶的終齡幼蟲。

蓖麻。

石苓舅
Glycosmis pentaphylla

◆ **芸香科 Rutaceae** ◆

一般我們對於芸香科植物的認識，多半都是屬於陽性植物，但對於石苓舅來說就未必如此。在自然環境中，石苓舅總是喜愛生長在樹林裡，或林緣邊陽光無法直接照射的場所，所以它也算是陰性樹木的一種。

在台灣各地的山林裡，多有石苓舅的蹤影，但族群呈現零散生長，也因為如此，與它有著親密關係的無尾白紋鳳蝶及姬黑星小灰蝶，在羽化數量上也就受限於石苓舅的零散分佈，蝶蹤雖然普遍可見，但就是無法目擊龐大的族群數量發生。

以行為來說，姬黑星小灰蝶完全附和石苓舅的生活模式，老是喜愛活躍在林中或蔭涼的樹林邊，雌蝶會將卵產在植物體棕紅的嫩芽上，並攝食成長，而無尾白紋鳳蝶亦會選擇過山香產卵生活，所以食性比較寬廣些。

【攝食蝶種】

無尾白紋鳳蝶
Papilio castor formosanus

姬黑星小灰蝶
Neopithecops zalmora

遊訪金露花的無尾白紋鳳蝶（雄蝶）。

休息中的無尾白紋鳳蝶（雌蝶）。

行日光浴中的姬黑星小灰蝶（雌蝶）。

正要產卵於嫩芽上的姬黑星小灰蝶。

姬黑星小灰蝶的卵。

無尾白紋鳳蝶的終齡幼蟲。

石苓舅。

烏柑仔
Severinia buxifolia

◆ 芸香科 Rutaceae ◆

　　烏柑仔屬於芸香科植物中袖珍型成員，是台灣南部地區才有分佈的熱帶性植物，它的生育環境通常位於礁岩遍佈的乾燥地帶，如高雄壽山、屏東墾丁及台東的大武等。

　　賴以為生的蝴蝶當中，恆春琉璃小灰蝶是分佈範圍最狹隘的一種。屏東里龍山的登山口，是一處良好的觀察地點。在攀登里龍山的路程中，烏柑仔自生兩旁的岩壁上，這裡一年四季都有恆春琉璃小灰蝶的蹤影，蝶性活潑，經常飛臨各類野花間，如長穗木、鬼針草或蟛蜞菊等，羽化數量還算普遍。

　　至於無尾鳳蝶、玉帶鳳蝶及柑橘鳳蝶，在台灣的其他地方亦會選擇多種芸香科植物綿延後代，而栽培的各種柑橘屬果樹便是很好的選擇對象。

【 攝食蝶種 】

無尾鳳蝶
Papilio demoleus libanius
玉帶鳳蝶
Papilio polytes polytes
黑鳳蝶 *Papilio protenor*
柑橘鳳蝶 *Papilio xuthus*
恆春琉璃小灰蝶
Chilades laius koshuensis

正在行日光浴的恆春琉璃小灰蝶（雄蝶）。

恆春琉璃小灰蝶為熱帶性蝶類（雄蝶）。

炎夏裡柑橘鳳蝶與無尾鳳蝶聚在濕地上吸水（雄蝶）

求偶中的黑鳳蝶，前雌後雄。

交尾中的玉帶鳳蝶。

烏柑仔。

小葉鐵仔
Myrsine africana

◆ 紫金牛科 Myrsinaceae ◆

　　小葉鐵仔是一種小型灌木，屬於紫金牛科竹杞屬的一員，族群主要見於中橫公路沿途，海拔集中於400~2500公尺間的崩塌環境，通常群生於疏林下有陽光照射的環境。

　　與它有親密關係的伙伴，則是小灰蛺蝶科的江崎小灰蛺蝶，牠的蹤影隨小葉鐵仔的分佈而定。一般我們將產於中部以南地區的小灰蛺蝶族群，稱為「江崎小灰蛺蝶」，北部及東北部地區的成員，則為「台灣小灰蛺蝶」，這是因為兩地的食草分佈有別，導致斑紋色彩也發生了些許差異。不過不管是哪一種小灰蛺蝶，牠們的習性一致，蝶隻皆喜愛吸食樹液、遊訪各種野花間或飛臨於濕地上享用清泉。

　　但是北部地區並無小葉鐵仔的分佈，台灣小灰蛺蝶以同屬中的大明橘為食樹。這些年來發現小灰蛺蝶的分佈十分廣泛，如宜蘭地區海拔不到兩百公尺的粗坑，台北新店，桃園巴陵山區，乃至於台灣中部海拔超過兩千公尺以上的合歡溪上游，都有牠們的蝶蹤存在。

　　不過不管是台灣小灰蛺蝶、江崎小灰蛺蝶或是阿里山小灰蛺蝶，牠們的幼生期，皆可以採取小葉鐵仔套網、產卵、餵食並順利成長。

【 攝食蝶種 】

阿里山小灰蛺蝶
Abisara burnii etymander
台灣小灰蛺蝶
Dodona eugenes formosana (北部亞種)
江崎小灰蛺蝶
Dodona eugenes esakii (中南部亞種)

中橫合歡溪路旁吸食礦物質的江崎小灰蛺蝶（雄蝶

江崎小灰蛺蝶的終齡幼蟲。

人工套卵下，阿里山小灰蛺蝶也會攝食小葉鐵仔成長。不過其真正的產卵植物則是同科的賽山椒。

正產卵於大明橘葉背的台灣小灰蛺蝶。

大明橘 (Myrsine sequinii)。

享受樹液美味的台灣小灰蛺蝶（雄蝶）。

吸水中的江崎小灰蛺蝶（雌蝶）。

小葉鐵仔。

呂宋莢蒾
Viburnum luzonicum

◆ 忍冬科 Caprifoliaceae ◆

　　紅子莢蒾與呂宋莢蒾在外觀上，長得一模一樣；在這裡我們姑且就先別管它們的分類地位如何，只要能認出其中的一種，便能用來飼養拉拉山三線蝶的幼生期。呂宋莢蒾的族群遍及台灣各處的低中海拔山區，是十分常見的野生植物。

　　但是以它為食草的拉拉山三線蝶，在族群的分佈上卻不是常見的蝶類，而且只狹隘棲息於中部以北的中海拔山區，這與大紫蛺蝶與朴樹的組合是相同的情況。

　　其實以往的許多蝶類文獻也提到，拉拉山三線蝶是屬於稀有少見的蝶類，以一種蝶類的野外目擊次數及成蝶的羽化時間來說，拉拉山三線蝶的確是屬於比較難以發現的蝶種，但是只要有心找尋，也不是那麼難看到。只要在六月期間前往中部的梨山一帶或北橫巴陵至大曼間，便不難在路旁或花間發現拉拉山三線蝶秀麗的芳蹤。

　　另外在拉拉山三線蝶分佈的產地中，也棲息著一種近似的寬帶三線蝶(*Athyma jina sauteri*)，除了牠的體態較為小型以外，斑紋色彩幾乎長得一模一樣，觀察時需要特別注意。

　　拉拉山三線蝶的生活史一年只發生一代，所以到了冬季便以幼蟲渡冬，並棲息在枯黃的葉緣邊。筆者幾次在桃園巴陵山區尋找越冬幼蟲也都有所獲，但必須要非常有耐力去仔細察看每片葉子，才能如願以償。

訪花中的拉拉山三線蝶（雄蝶）。

近似種寬帶三線蝶，與拉拉山三線蝶十分相似。

【攝食蝶種】

拉拉山三線蝶
Athyma fortuna kodahirai

駐足在路旁濕沙地上吸水的拉拉山三線蝶（雄蝶）。

拉拉山三線蝶的二齡幼蟲。

正在吸食桃花葉上露水的拉拉山三線蝶（雌蝶）。

產在葉緣的卵。

呂宋莢蒾。

台灣蝴蝶食草

A Field Guide To Food Plants For Butterflies In Taiwan

Part.4

常綠喬木

FOOD PLANTS

FOR BUTTERFLIES

長尾尖葉櫧
Castanopsis carlesii

◆ 殼斗科 Fagaceae ◆

台灣產的許多綠小灰蝶類，皆為稀世珍種，想要一睹風采並不容易，如蓬萊綠小灰蝶、單帶綠小灰蝶及本文的主角「伏氏綠小灰蝶」等。

其實，這些蝶類並不是羽化的蝶隻少到難得一見，而是成蝶活動的位置都在樹冠層，偶爾才飛臨低處，觀察似乎全憑機運。不過人定勝天，也沒那麼絕望，在台灣中部以北的中海拔山區，只要能夠找到長尾尖葉櫧族群，那麼就有機會看到伏氏綠小灰蝶。

筆者觀察的地點在北橫四陵，這裡的路旁長了幾棵巨大的長尾尖葉櫧，每年的5~6月間，是伏氏綠小灰蝶的羽化期。清晨第一道曙光投射到長尾尖葉櫧的位置時，成蝶就會進行追逐，甚至還出現在路面上，這樣的活動每天約進行1~2個小時，等陽光稍強後，蝶隻便又再度飛往高處棲息。

如果讀者的爬樹能力夠強的話，那麼在這一帶尋找產在長尾尖葉櫧休眠芽上的越冬卵，還不算太困難，原來尋找伏氏綠小灰蝶，也不是那麼遙不可及的夢想。

【攝食蝶種】

伏氏綠小灰蝶 *Euaspa forsteri*

數量珍稀的伏氏綠小灰蝶，多在樹冠上層活動，難得一見（雄蝶）。

產於細枝條上的卵。

伏氏綠小灰蝶的終齡幼蟲。

長尾尖葉櫧。

氏綠小灰蝶的蛹。

白裙黃斑蛺蝶據推測應該也是以長尾尖葉櫧為食樹。

赤皮
Quercus gilva ◆ 殼斗科 Fagaceae ◆

能夠發現單帶綠小灰蝶及蓬萊綠小灰蝶生活史的人，似乎只能用「欽佩」兩字來表達發自內心的真誠讚美。

那一年冬季，埔里的羅性友人到北橫上巴陵拜訪筆者，隨行還有一位身材嬌小的黃性男子，我們前往達觀山的森林中進行蝶卵採集，這次的目標鎖定在單帶綠小灰蝶及蓬萊綠小灰蝶身上。

原來這位黃先生擅長爬樹，他在短短的幾分鐘內，就攀上約三、四層樓高的赤皮樹上，而且還活動自如地行走在樹冠層上，讓人看得目瞪口呆。片刻之間，他帶下來數十顆的蝶卵，其中以單帶綠小灰蝶居多。

能在現場目睹這些稀有小灰蝶的採卵過程，固然是件難得的經驗，但當時對於這位黃先生的行徑更感興趣。我光站在樹下看著，兩腳就發軟，而他卻這麼回答：「人總要生存下來，會怕就不會接下這份工作，人長的瘦小，爬樹就是我的天賦。」短短幾句話，讓人受益良多，也印證了天生我才必有用的道理。

單帶綠小灰蝶及蓬萊綠小灰蝶只會將卵產在赤皮的休眠芽上，而且高度都在約兩層樓高以上的樹冠層上，所以首先發現牠們生活史的研究者才會這麼令人佩服。這兩種蝶類還有一種特殊的生活習性，牠們在清晨或黃昏時刻特別活躍。

赤皮是北台灣中海拔地區常見樹種，但單帶綠小灰蝶及蓬萊綠小灰蝶的分佈範圍卻顯得狹窄許多，目前以達觀山到拉拉山及北橫萱源至四陵一帶的山區較易觀察，成蝶於5～6月間集中羽化，7月過後便難尋芳蹤。

【攝食蝶種】

細帶綠蛺蝶
Euthalia insulae

蓬萊綠小灰蝶
Chrysozephyrus ataxus lingi

單帶綠小灰蝶
Chrysozephyrus splendidulus

白底青小灰蝶
Arhopala ganesa formosana

赤皮。

蓬萊綠小灰蝶的蛹。

蓬萊綠小灰蝶的卵。

蓬萊綠小灰蝶的終齡幼蟲。

幾年前的六月初在北橫塔曼山的登山口蝶道，看見圖中短暫休息的白底青小灰蝶，牠的越嶺蝶隻還算豐富，但想要遇上牠，恐怕難上加難（雄蝶）。

這隻停棲在懸鉤子屬植物上的蓬萊綠小灰蝶，2007年5月下旬的午後於北橫萱源攝得（雌蝶）。

到了十月細帶綠蛺蝶的體翅已顯得破舊不堪（雌蝶）。

黃昏時分巧遇圖中的單帶綠小灰
蝶，綠小灰蝶類在天色昏暗前會
飛臨低地活動。（雄蝶）。

青剛櫟
Quercus glauca

◆ 殼斗科 Fagaceae ◆

談青剛櫟與它的夥伴，恐怕是最困難的。寫的少，有說跟沒說一樣；寫的多，編排一本書絕不成問題。

從台灣綠峽蝶、黃斑峽蝶、白小灰蝶、姬白小灰蝶、朝倉小灰蝶到台灣綠小灰蝶等蝶類，與牠們的相識、瞭解到拍攝生態的過程，有說不完的故事，但限於篇幅的關係，也只能重點式的描述一下。

青剛櫟是一種山區性常見的植物，通常喜愛生長於較為乾燥的環境，與它息息相關的蝶類多達十餘種，其中黃斑峽蝶的產卵行為是最特殊的一種。

2000年前往中橫谷關進行白峽蝶拍攝時，大約於午後兩點看見一隻雌性黃斑峽蝶，徘徊在青剛櫟的族群間，直覺告訴自己，該蝶並非在尋找食物，而是想進行產卵行為。果然，稍後牠在葉片有昆蟲築巢的捲葉處，將卵產在捲洞內，雖然之前已取得黃斑峽蝶的幼生期，然而都是人工飼養品，能在野外目睹蝶隻產卵的過程，相信機率比中頭彩更屬難能可貴。

又有一次，埔里友人告知惠蓀林場的青蛙石附近，常有朝倉小灰蝶出沒，秋季十月便到當地探尋，進入棲息地後發現，林內確實可見不少的成蝶，多數停棲在低矮的枝葉上，生態鏡頭捕捉還算容易。

不過還是必須小心翼翼靠近蝶隻取景，每當要按下快門的剎那間，手臂卻奇癢無比，原來數以百計的蚊子圍繞身邊，雖

然朝倉小灰蝶的生態如願以償攝得，卻也失血不少，留下了難忘的經驗。

另外白小灰蝶的生態也是值得一提，筆者在野外發現過不少白小灰蝶的成蝶數量，但每次見到的蝶隻好像都是雌蝶，雄蝶則絕少遇到。這種森林性小灰蝶理應活躍於樹冠層，然而蝶隻卻喜愛穿梭在稀疏的林內，分佈多與台灣綠小灰蝶重疊一起。其實白小灰蝶與台灣綠小灰蝶的幼蟲生活方式一樣，兩者雌蝶多會選擇約人高左右的食樹休眠芽上產卵。在桃園達觀山上觀察過白小灰蝶的產卵過程，但當時選擇的產卵對象是健子櫟。

那一天與平常一樣，前往住處附近的趙嶺蝶道平台上進行蝶類觀察，於正午前已記錄到幾隻雌蝶正在飛越特殊的高地蝶道。正當準備回家休息時，林緣邊的健子櫟樹上，來了一隻白小灰蝶，在三處的休眠芽上產下5粒卵才飄然飛離，這是截至目前為止，唯一於現場目擊白小灰蝶的產卵過程，時間是1996年7月5日。

這裡要特別說明的是，選擇青剛櫟為食樹的蝶類，在餵食時亦可採用狹葉櫟的葉片取代。另外，台灣綠峽蝶的幼蟲也同樣喜愛攝食大戟科的粗糠柴葉片，在這組連結的生態夥伴中，算是比較另類的一員。至於在卵的著生方面，姬白小灰蝶及紅小灰蝶多見於樹幹的位置，其他小灰蝶則多見於休眠芽上。

【攝食蝶種】

黃斑蛺蝶 *Sephisa chandra androdamas*

台灣綠蛺蝶 *Euthalia formosana*　　細帶綠蛺蝶 *Euthalia insulae*

朝倉小灰蝶 *Arhopala birmana asakurae*　紫小灰蝶 *Arhopala japonica*

台灣綠小灰蝶 *Chrysozephyrus disparatus pseudotaiwanus*

江崎綠小灰蝶 *Chrysozephyrus esakii*　紅小灰蝶 *Japonica patungkoanui*

姬白小灰蝶 *Leucantigus atayalicus*　白小灰蝶 *Ravenna nivea*

達邦琉璃小灰蝶 *Udara dilecta*

青剛櫟

黃斑蛺蝶的終齡幼蟲。

紫小灰蝶是低海拔森林裡常見的小型蝶類（雄蝶）。

吸水中的細帶綠蛺蝶（雄蝶）。

紫小灰蝶的終齡幼蟲。

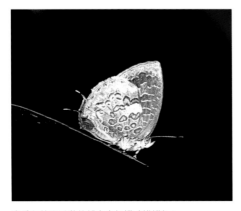

喜愛在林下活動的朝倉小灰蝶（雄蝶）。

經常飛臨森林下層活動的紅小灰蝶（雄蝶）。

夏季羽化的黃斑蛺蝶體翅較大型且豔麗。

黃斑蛺蝶雌蝶擁有美麗的藍色斑紋。

白小灰蝶一般並不常見，是森林裡的嬌客（雌蝶）。

圖中姬白小灰蝶的雄蝶生態照是在桃園中巴陵拍攝的

停棲在芒草上的台灣綠小灰蝶（雄蝶）。

吸水中的達邦琉璃小灰蝶。

江崎綠小灰蝶雖較常見，不過不容易拍到牠（雌蝶）。

黃斑蛺蝶的卵。

吸水中的台灣綠蛺蝶（雄蝶）。

台灣綠蛺蝶的蛹。

台灣綠蛺蝶的終齡幼蟲。

錐果櫟
Quercus longinux

◆ 殼斗科 Fagaceae ◆

　　對於錐果櫟與相關夥伴的故事，也有許多回憶，它生長在台灣各處的中海拔山區，尤其霧林帶森林較為多見，如宜蘭思源埡口、桃園達觀山或南投翠峰等地。

　　選擇錐果櫟為食樹的蝶類中，台灣單帶小灰蝶算是比較美麗的一種。蝶隻的斑紋色彩藍中帶紫，並貫穿白紋縱帶，感覺就像具有貴族身分的典雅淑女，讓人喜愛，樣子有些偏離綠小灰蝶家族的形態，與伏氏綠小灰蝶分類在同一屬別中。

　　大概有將近十年的時間，筆者都居住在中海拔山區，許多被稱為稀有蝶類的成員，對我來說卻是普通種，台灣單帶小灰蝶就是很好的例子。以往在我北橫上巴陵的住處附近，也就是塔曼山的登山口，海拔約1400公尺的位置，這裡每年到了5~7月間，台灣單帶小灰蝶便會大量出現，一天見個十餘隻是稀鬆平常的事。蝶隻的飛行速度悠緩，經常停棲在低處的葉片上，拍攝得心應手。不過訪花的鏡頭卻一直無緣取得，始終是心中的遺憾。

　　其他以錐果櫟為食樹的成員，也都是蝶類愛好者心目中的夢幻種類，如清金綠小灰蝶、白小灰蝶及姬白小灰蝶等，這些蝶類的身影都能夠在塔曼山登山口旁的原始林邊緣處見到，並以5月底至6月中旬的期間最為理想。

【 攝食蝶種 】

台灣綠小灰蝶
Chrysozephyrus disparatus pseudotaiwanus
江崎綠小灰蝶
Chrysozephyrus esakii
清金綠小灰蝶
Chrysozephyrus yuchingkinus
台灣單帶小灰蝶
Euaspa milionia formosana
紅小灰蝶
Japonica patungkoanui
姬白小灰蝶
Leucantigus atayalicus
白小灰蝶 *Ravenna nivea*

晨曦裡的台灣單帶小灰蝶顯得神秘又夢幻（雄蝶）。

在桃園達觀山至拉拉山一帶，台灣單帶小灰蝶頗為常見（雌蝶）。

錐果櫟。

休息中的白小灰蝶（雌蝶）。

白小灰蝶的終齡幼蟲。

白小灰蝶的卵。

白小灰蝶的蛹。

對筆者而言，台灣綠小灰蝶的幼生期較容易拍到，但在要拍得成蝶卻不容易（雄蝶攝於桃園上巴陵）。

四月下旬，姬白小灰蝶已出現在桃園中巴陵一帶山區（雄蝶）。

在中海拔地區的紅小灰蝶數量，就像平地的波紋小灰蝶一樣，十分常見（雄蝶）。

停棲在芒草上的江崎綠小灰蝶，是筆者於桃園塔曼山登山口攝得（雌蝶）。

野外難得一見的清金綠小灰蝶，是中海拔森林裡的珍客（雄蝶）。

捲斗櫟
Quercus pachyloma

◆ 殼斗科 Fagaceae ◆

　　捲斗櫟的分佈限於山區，通常海拔介於300～1000公尺間，在台灣的中南部較為常見。目前記錄有兩種蝶類的雌蝶會選擇它的葉片產卵，分別是埔里綠蛺蝶及寬邊琉璃小灰蝶。

　　大約在十幾年前，寬邊琉璃小灰蝶還被視為「幻蝶」，採集紀錄寥寥無幾，標本成為日本昆蟲收藏家搶手的珍品，可遇而不可求。那時候很幸運在中橫石山溪攝得蝶隻的鏡頭，爾後又在南投九族文化村附近的林道內，見到穩定族群，發現紀錄都在9～11月間。近期在南投蓮華池山區拍攝捲斗櫟時，又於當地發現寬邊琉璃小灰蝶的蹤跡，時間也在10月份，可見秋季是成蝶主要的羽化出現期。

　　觀察以往寬邊琉璃小灰蝶的棲地，環境通常陰濕，習性與烏來黑星小灰蝶類似。而甲仙綠蛺蝶的分佈就顯得普及許多，全台山區可見。另一種與甲仙綠蛺蝶雌蝶近似的馬拉巴綠蛺蝶(*Euthalia malapana*)，分佈更見狹隘，推測本種有可能也是以捲斗櫟為寄主。

【 攝食蝶種 】

甲仙綠蛺蝶
Euthalia hebe kosempona

寬邊琉璃小灰蝶
Callenya melaena shonen

停棲在颱風草葉間的甲仙綠蛺蝶（雄蝶）。

在林下陰涼處吸水的寬邊琉璃小灰蝶（雄蝶）。

馬拉巴綠蛺蝶雄蝶的形態，近似甲仙綠蛺蝶的雌蝶

甲仙綠蛺蝶的雄蝶多發現於6～7月間。

捲斗櫟。

狹葉櫟

Quercus stenophylloides ◆ 殼斗科 Fagaceae ◆

　　就蝶類的飼養功能而言，狹葉櫟與青剛櫟是共通的，只是狹葉櫟分佈在中高海拔山區，而青剛櫟卻是中低海拔的物種。談到狹葉櫟，愉悅的回憶不由得湧上心頭，因為相關蝶類多為珍稀種，還有說不完的故事。

　　如果想要在山林裡找到翅底三線小灰蝶的蹤跡，真可謂難得一見，但是能找到高地的風口蝶道，那麼機率就增加許多，知名產地如合歡山下的新人岡及台7甲線的思源埡口。思源埡口是宜蘭通往梨山的必經之地，也是台7甲線的最高點。這裡有處涼亭，一旁可以鳥瞰蘭陽溪兩岸的山谷景色，堪稱經典畫面。這裡同時也是風口蝶道的所在位置，每年到了5~7月間，便會湧出大量珍稀的小灰蝶，翅底三線小灰蝶便是其中的成員之一。

　　有一年7月初來到思源埡口，當天晴空萬里，從早上八點開始，江崎綠小灰蝶及玉山綠小灰蝶先行帶隊出現，一會兒工夫，台灣單帶小灰蝶、拉拉山綠小灰蝶、阿里山長尾小灰蝶、紅小灰蝶、白底青小灰蝶也加入隊伍，一隻隻從下方的森林邊緣隨風飛湧上來，我拿起網子盡可能的將往來的蝶類捕捉下來查證身份，後來又多了白小灰蝶、玉山長尾小灰蝶、連紋小灰蝶、花蓮青小灰蝶、寬邊綠小灰蝶、白紋琉璃小灰蝶、黑底小灰蝶及翅底三線小灰蝶等稀有小灰蝶。

　　大約在正午前後，湧出的蝶類已趨於平緩，於是走到下方的林緣邊，拍攝萬大星褐挵蝶的生態，因為這處迴彎的路面下長了幾棵狹葉櫟及錐果櫟，是各種珍稀小灰蝶及挵蝶喜愛停棲的位置。

　　當我走到樹林下時，清楚看見一隻雌性翅底三線小灰蝶在狹葉櫟枝幹上走動。不過枝條的遮影讓我無法順利取得珍貴的產卵鏡頭，可喜的是，蝶隻後來短暫停留在葉片上休息，當時拍攝的雙手還興奮地不停抖動，這一刻也成為探尋蝶類生涯的二十幾年光景中難以忘懷的回憶之一。

　　其他同組的生態成員中，只有細帶綠蛺蝶會將卵集中產在老葉的葉背上，攝食成熟的葉片，並以幼蟲越冬。其他小灰蝶則於夏季將卵產在休眠芽或枝幹上，翌年春季才陸續孵化並攝食嫩葉部位。

【攝食蝶種】

細帶綠蛺蝶 *Euthalia insulae*

台灣綠小灰蝶
Chrysozephyrus disparatus pseudotaiwanus

江崎綠小灰蝶 *Chrysozephyrus esakii*

紅小灰蝶 *Japonica patungkoanui*

白小灰蝶 *Ravenna nivea*

阿里山長尾小灰蝶
Teratozephyrus arisanus

玉山長尾小灰蝶
Teratozephyrus yugaii

達邦琉璃小灰蝶 *Udara dilecta*

翅底三線小灰蝶
Wagimo sulgeri insularis

狹葉櫟。

紅小灰蝶為台灣特有蝶類（雄蝶）。

於桃園達觀山活動的阿里山長尾小灰蝶（雄蝶）。

江崎綠小灰蝶的終齡幼蟲。

不同角度的台灣綠小灰蝶，斑紋色彩差異頗大（雄蝶）

飛臨低地休憩中的阿里山長尾小灰蝶（雄蝶）。

棲息於中橫畢祿神木一帶的玉山長尾小灰蝶（雄蝶）

細帶綠蛺蝶原名西藏綠蛺蝶，不過最近被證實牠並非西藏綠蛺蝶，而是另一種蝶類，故改名為「細帶綠蛺蝶」（雄蝶）。

吸水中的達邦琉璃小灰蝶（雄蝶）。

翅底三線小灰蝶屬於難得一見的蝶類（雌蝶）。

短尾葉石櫟
Lithocarpus harlandii

◆ 殼斗科 Fagaceae ◆

　　曾經為了拍攝桃園拉拉山當地的稀有小灰蝶，選擇定居在北橫的上巴陵約三年的時間。在我的房舍附近有塊果園，末端連接著一小片未受破壞的雜木林，裡頭生長了許多短尾葉石櫟的族群。

　　每年到了5月中旬至7月初，雜木林邊緣便會出現霧社綠小灰蝶的蹤跡。有趣的是，雜木林中央有處小凹口，雄性的霧社綠小灰蝶就喜愛停棲在此，只要有其他綠小灰蝶類靠近，先行佔領者便會飛起追趕。

　　為了證實這個位置受歡迎的程度，於是進行了以下的試驗。首先將停留的第一隻雄蝶捕捉起來，不出幾分鐘另一隻雄蝶馬上遞補上來，就這樣連續採集了十幾隻雄蝶，往後三年的試驗依舊如此，這處凹口受霧社綠小灰蝶青睞的程度可見一斑。

　　短尾葉石櫟是台灣中低海拔山區常見的殼斗科植物，另外小灰蝶科中的紫燕蝶也選擇其為親密夥伴，分佈較霧社綠小灰蝶來得廣泛些。兩者雌蝶的產卵習慣有些不同，霧社綠小灰蝶通常選擇小型的植株或兩人高以內的休眠芽為產卵位置。而紫燕蝶的產卵高度不定，位置有時會在葉背、枝條或樹幹上，較為隨性。

紫燕蝶的斑紋色彩也頗具姿色（雄蝶）。

【攝食蝶種】

霧社綠小灰蝶
Chrysozephyrus mushaellus
紫燕蝶 *Arhopala bazalus turbata*

紫燕蝶的卵。

短尾葉石櫟。

難得一見的霧社綠小灰蝶交尾畫面。

霧社綠小灰蝶的卵。

享受陽光的霧社綠小灰蝶（雌蝶）。

霧社綠小灰蝶的終齡幼蟲。

霧社綠小灰蝶的蛹。

林緣剛接觸陽光的一小時內，霧社綠小灰蝶會低飛至森林下層活動（雄蝶）

筆者於北橫上巴陵近距離接觸霧社綠小
灰蝶，攝得不少精彩畫面（雄蝶）。

山黃麻
Trema orientalis

◆ 榆科 Ulmaceae ◆

在台灣各處的低山區，山黃麻絕對是林中最為常見的榆科植物，它的葉表密生細毛，不難識別。或許我們會認為它的植物體高大，與它親密的蝴蝶將難以觀察，其實並不盡然。

以往筆者因為長期定居梨山的關係，有空閒時便會前往谷關一帶尋蝶攝影，有年夏天將目標鎖定在中橫的石山溪路段，因為這裡有稀世珍蝶馬拉巴綠蛺蝶的分佈。

在我們經常誘引馬拉巴綠蛺蝶的攔砂壩下，生長了幾株高大的山黃麻，因為落差的關係，山黃麻的頂端正好與站立處的攔砂壩平行，就這樣陸續看到姬雙尾蝶、台灣三線蝶、墾丁小灰蝶及台灣黑星小灰蝶的產卵過程。

推測除了這四種蝶類以外，應該還有其他蛺蝶或小灰蝶科成員與山黃麻有親密關係存在，至於是哪些種類，就等待大家一起共同來揭曉了。

【攝食蝶種】

台灣三線蝶
Neptis nata lutatia

姬雙尾蝶
Polyura narcaea meghaduta

墾丁小灰蝶
Rapala varuna formosana

台灣黑星小灰蝶
Megisba malaya sikkima

遊訪於大花咸豐草花間的台灣黑星小灰蝶（雄蝶）

飛臨冇骨消花叢間的墾丁小灰蝶（雄蝶）。

攝食花苞的墾丁小灰蝶幼蟲。

雙翅平放的台灣三線蝶（雄蝶）。

木息中的姬雙尾蝶（雄蝶）。

山黃麻。

榕 樹
Ficus microcarpa

◆ 桑科 Moraceae ◆

　　表哥與我是最佳賞蘭二人組，多年來我們野外探詢的過程，至少發現兩百種以上的蘭科植物。一次相約前往恆春半島尋找野生蘭，在四重溪往牡丹的產業道路上，發現了金釵骨的身影。下車進行拍攝，並深入林中探尋，看是否還有其他著生蘭的蹤影，結果發現了幾棵巨大的榕樹，抬頭仰望時，只能用感動來形容當時的情景。長滿鬚根的莖幹間，附著各類氣生植物，金釵骨的數量多到數不清，珍稀少見的覆葉石松也見數十葉的族群，此行鎖定的「厚葉風蘭」，更在第一天的行程中就尋獲，從此對於榕樹便懷有一份特殊的情感。

　　言歸正傳，榕樹是全台灣低平原地區普遍可見的大型喬木，親密夥伴中的蝶類有圓翅紫斑蝶、端紫斑蝶及石牆蝶，也同樣屬於常見的蝶類。圓翅紫斑蝶、端紫斑蝶有越冬行為，石牆蝶則有花俏的斑紋色彩，十分討人喜歡。其他桑科植物裡的台灣天仙果與珍珠蓮，也都是牠們幼蟲共同的食物來源。當我們捕捉圓翅紫斑蝶或端紫斑蝶時，牠們的腹尾常會露出毛筆刷狀的器官，那是雄蝶的生殖器，用來驚嚇敵人，雌蝶則無此行為。

【攝食蝶種】

圓翅紫斑蝶 *Euploea eunice hobsoni*
端紫斑蝶 *Euploea mulciber barsine*
石牆蝶 *Cyrestis thyodamas formosana*

端紫斑蝶的雄蝶擁有亮麗的藍紫金屬光澤。

飛行中的端紫斑蝶（雌蝶）。

正在吸食光葉水菊花蜜的圓翅紫斑蝶（雄蝶）。

圓翅紫斑蝶的終齡幼蟲。

榕樹。

珍珠蓮。

吸水中的石牆蝶（雄蝶）。

小葉桑
Morus australis

◆ 桑科 Moraceae ◆

　桑葉對多數人而言，多少有些回憶，至少飼養蠶寶寶的快樂與苦惱，幾乎成為孩提時代必修的課程。小葉桑是台灣的原生種植物，葉片一樣可以餵食蠶寶寶，只是我們這裡要介紹的親密夥伴是黃頸蛺蝶與小葉桑。

　黃頸蛺蝶是一種早春性蝶類，成蝶出現於3～5月間，並與升天鳳蝶、木生鳳蝶、黃星鳳蝶及斑鳳蝶，合稱為「春季五寶」。這幾種僅發生於春季的蝶類當中，就以黃頸蛺蝶的數量最多，蹤影遍及台灣各處山區。

　目前已知黃頸蛺蝶僅會選擇小葉桑為產卵植物，屬於寡食性的蝶類，成蝶飛行十分緩慢，經常群聚在濕地、動物死屍或排遺上吸食養分，似乎就是不會蒞臨花間。幼蟲會在葉緣邊築蟲巢，並以蛹的狀態度冬，一年只發生一世代。

動物排遺是黃頸蛺蝶最喜愛的食物之一（雄蝶）。

黃頸蛺蝶的幼蟲。

只要在山林中看到小葉桑的葉緣邊有捲痕狀蟲巢，應該就是黃頸蛺蝶幼蟲的傑作。

【攝食蝶種】

黃頸蛺蝶
Calinaga buddha formosana

黃頸蛺蝶的性情溫和，常群聚一起共享美食（雄蝶）。

小葉桑。

玉 蘭
Michelia alba

◆ 木蘭科 Magnoliaceae ◆

　木蘭科植物花開時，都能釋放出一股淡淡的清香，這可由玉蘭身上得到證明。玉蘭並非台灣原生植物，原產於東南亞，不過花朵散發的清香頗得人心，是園藝栽培的上選樹種。

　台灣兩種以其葉片為食的青斑鳳蝶及綠斑鳳蝶，也同樣地討人喜歡。然而牠們野外的重要食樹，則是全台灣山區普遍可見的烏心石。青斑鳳蝶分佈範圍普遍而廣泛，幾乎全台可見，尤其在食樹豐富的山區，往往在谷地的溪流處，成群密集吸水。

　綠斑鳳蝶為熱帶性蝶類，飛行快速，幾乎無蝶能敵，由於神經質的蝶性，徘徊於花間的移動速度甚快，通常少於五秒鐘，攝影困難。先前綠斑鳳蝶僅發生在台灣南部及東南部地區，現在於中部埔里一帶山區已有穩定族群繁衍，東北部宜蘭的平原地帶於仲夏季節亦常能看到成蝶蹤影，可見其族群已分佈全台灣。

【 攝食蝶種 】

綠斑鳳蝶
Graphium agamemnon
青斑鳳蝶
Graphium doson postianus

玉蘭。

吸水中的青斑鳳蝶（雄蝶）。

飛行快速的綠斑鳳蝶，很難攝取完美的鏡頭（雄蝶）

遊訪有骨消花間的青斑鳳蝶（雌蝶）。

休息中的綠斑鳳蝶（雌蝶）。

青斑鳳蝶的終齡幼蟲。

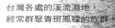

台灣各處的溪流濕地，
經常群聚青斑鳳蝶的族群。

綠斑鳳蝶的四齡幼蟲。

烏心石與玉蘭樹的功能完全一致。

大頭茶
Gordonia axillaris

◆ 茶科 Theaceae ◆

在台灣的山區，大頭茶是一種普遍可見的植物，通常生活於崩塌環境中，夏末至初冬是花朵綻放的季節，花朵大型、潔白又鮮明，十足討人喜愛。

照常理來判斷，與它關係密切的淡黑小灰蝶，應該也是屬於常見蝶種才對，然而事實卻非如此。淡黑小灰蝶算是中海拔的蝶類，族群數量一向以稀有罕見著稱。

在北橫明池一帶的崩塌山岩上，生長成群的大頭茶，這裡就是淡黑小灰蝶的大產地。每年7月底，附近的刺楤屬植物陸續開花，淡黑小灰蝶是經常造訪花間的常客之一。成蝶會等到當地大頭茶的花季，將卵產於花苞上後，才於十月消失，孵化出來的幼蟲便會鑽入花苞內生活，並以蛹的狀態或成蝶越過漫長的嚴冬。

【攝食蝶種】

淡黑小灰蝶
Deudorix rapaloides

飛臨鵝不踏花間的淡黑小灰蝶（雄蝶）。

淡黑小灰蝶（雌蝶）。

淡黑小灰蝶的終齡幼蟲。

淡黑小灰蝶的蛹。

大頭茶。

秀柱花
Eustigma oblongifolium

◆ **金縷梅科 Hamamelidaceae** ◆

　　幾年前，雄紅三線蝶的生活史還沒完全瞭解時，筆者曾試著用青剛櫟來人工套網，結果雌蝶順利產卵。不過孵化後的幼蟲攝食狀況不佳，到了越冬前的三齡幼蟲時，幾乎全軍覆沒，最後才明瞭原來牠的食樹是金縷梅科的秀柱花。

　　秀柱花雖有花名，卻非草本植物，而是一種常綠性小喬木，族群零散見於台灣各處山區。而雄紅三線蝶的蹤影，也隨秀柱花的分佈，見於全島海拔400～1600公尺的山區。這種蝶類的雄蝶，擁有鮮明的橘紅色彩，雌蝶卻類似三線蝶類，不過幼蟲形態與綠蛺蝶屬成員一致，應該合併成同屬蝶類較為妥當。

【 攝食蝶種 】

雄紅三線蝶
Abrota ganga formosana

停於北橫萱源路面吸水的雄蝶。

吸食露水中的雄蝶。

專注吸食鳳梨汁液的雌蝶。

休息中的雌蝶。

三齡越冬幼蟲。

雄紅三線蝶的蛹。

秀柱花。

水絲梨
Sycopsis sinensis

休息中的雄蝶。

◆ 金縷梅科 Hamamelidaceae ◆

水絲梨的分佈海拔通常介於1500～2500公尺間，是台灣各處中海拔山區的森林樹種，與它有著親密關係的對象為黑底小灰蝶，然而對於一般人來說，想要在偌大的山林裡覓得黑底小灰蝶的身影，確實需要幾分的機運與巧遇。

但是假如知道水絲梨密集生長的純林區域，想要一睹黑底小灰蝶的風采也就輕而易舉，那就是中橫公路的碧綠神木路段。2007年的7月上旬前往現場，從早上八點過後，蝶隻便踴躍地飛臨路旁的雜木林間活動，當然假如提前半個月的話，那羽化的蝶隻就更為熱絡。

不過因為要拍攝雌蝶產卵的過程，所以還是7月上旬才是理想的時間。當時正值暑假期間，過往的車輛相當頻繁，但還是發現不少的雌蝶，在眼前的水絲梨枝幹間穿梭產卵，整個過程還是如願攝得。

當然在現場的任何一株中大型水絲梨的枝條上，都有豐富的卵粒，而黑底小灰蝶特別喜愛找尋林間的樹液或露水吸食，中橫公路的碧綠神木路段確實是台灣難能可貴的黑底小灰蝶盛產之地。

【攝食蝶種】

黑底小灰蝶
Iratsume orsedice suzukii

於先端已產下一粒卵後，繼續產卵中的雌蝶。　　　細枝條上的卵粒。

水絲梨。

鐵 色
Drypetes littoralis

◆ 大戟科 Euphorbiaceae ◆

　　在屏東縣滿洲鄉的七彩瀑布附近，有幾戶農家大面積栽培鐵色，準備用來園藝造景之用，這裡是觀察雲紋粉蝶及尖翅粉蝶的理想地點。每次造訪當地，總可以在鐵色的嫩芽處，找到牠們的幼生期，而現場羽化的成蝶也到處可見，而且數量多的就像冬季發生的紋白蝶數量那樣普遍，蝶隻經常遊訪於長穗木、鬼針草或小花蔓澤蘭的花叢間。

　　在北濱公路南雅附近的海岸林裡，曾見過多次的尖翅粉蝶蹤跡，但當地並無鐵色的分佈，推測食樹的選擇應該與蘭嶼粉蝶一樣，都是以台灣假黃楊的葉片為產卵植物。

　　至於本文的主角「鐵色」，是一種熱帶性的常綠植物，族群普遍見於恆春半島至台東知本一帶的低山環境，離島的蘭嶼及綠島也有它的分佈。

【 攝食蝶種 】

尖翅粉蝶 *Appias albina semperi*
雲紋粉蝶 *Appias indra aristoxenus*

同遊訪花的尖翅粉蝶（雄蝶）。

訪花中的黃色型尖翅粉蝶（雌蝶）。

交尾中的尖翅粉蝶。

尖翅粉蝶的一般型雌蝶。

尖翅粉蝶的卵。

尖翅粉蝶的蛹。

尖翅粉蝶的終齡幼蟲。

群聚一起吸水的雲紋粉蝶。

鐵色。

台灣假黃楊
Liodendron formosanum

◆ **大戟科 Euphorbiaceae** ◆

遊訪大花咸豐草花間的蘭嶼粉蝶（雌蝶）。

以往蘭嶼粉蝶被誤認為是迷蝶，其實牠早就定居台灣。造成蝶隻不常見的原因，主要是受限於食樹「台灣假黃楊」的狹隘分佈範圍所致。目前台灣假黃楊見於蘭嶼、綠島、龜山島及南北兩端的海岸林裡。

這些年來陸續觀察得知，在北濱公路和美及龜山島的族群數量最為穩定，其次則是恆春半島及蘭嶼與綠島。以南雅村附近的族群來說，除了冬季以外，幾乎全年可見，其中以6～9月間發生的族群數量最為龐大，並常遊訪當地盛開的大花咸豐草、臭娘子及爬森藤的花叢間，亦常與輕海紋白蝶群聚於溪床邊的濕地上吸水。

正在吸食大花咸豐草花蜜的蘭嶼粉蝶（雄蝶）。

雲紋粉蝶的族群多見於台東及恆春半島，但每隔幾年便會往北遷移，像2004年春末，筆者於蘭陽平原的庭園中，便發現不少的雲紋粉蝶飛舞於花叢間。至於尖翅粉蝶似乎是萬不得已才會選擇台灣假黃楊產卵，所以在北濱公路一帶的族群，便顯得稀罕而難得一見。

【攝食蝶種】

雲紋粉蝶 *Appias indra aristoxenus*
蘭嶼粉蝶 *Appias paulina minato*
尖翅粉蝶 *Appias albina semperi*

交尾中的蘭嶼粉蝶。

蘭嶼粉蝶的終齡幼蟲。

迷戀大花咸豐草的尖翅粉蝶（雄蝶）。

蘭嶼粉蝶的蛹。

群聚一起吸水的雲紋粉蝶（雄蝶）。

台灣假黃楊。

細葉饅頭果
Glochidion rubrum

◆ 大戟科 Euphorbiaceae ◆

停棲在葉上的白三線蝶（雄蝶）。

　　台灣記錄的幾種饅頭果屬植物中，細葉饅頭果算是分佈最為廣泛的一種，由北至南，從沿海沙地到海拔1500公尺的中海拔山區，都有其族群的蹤影。

　　與細葉饅頭果有良好親密關係的蝶類，包含有蛺蝶科的台灣單帶蛺蝶、白三線蝶及小灰蝶科的台灣琉璃小灰蝶、姬三尾小灰蝶、台灣雙尾燕蝶等。這些相關的蝶類中，以台灣單帶蛺蝶的成蝶兩性色彩差異最大；雄蝶的帶紋以白色為主，而雌蝶卻呈現金黃的色彩，所以又有「異色蛺蝶」之稱。

停棲休息的台灣琉璃小灰蝶（雌蝶）。

　　台灣雙尾燕蝶也以細葉饅頭果為產卵植物，不過通常選擇有蟻巢存在的植株為對象，畢竟台灣雙尾燕蝶的幼蟲，與蟻類早已建立良好的共生關係。

【 攝食蝶種 】

台灣單帶蛺蝶
Athyma cama zoroastres

白三線蝶 *Athyma perius*

台灣琉璃小灰蝶
Acytolepsis puspa myla

台灣雙尾燕蝶
Spindasis lohita formosana

休息中的台灣雙尾燕蝶（雄蝶）。

駐足在林下濕地吸水的台灣單帶蛺蝶（雄蝶）。

台灣單帶蛺蝶的終齡幼蟲。

台灣單帶蛺蝶的雌蝶擁有金黃線帶。

長有蟻巢的細葉饅頭果。

細葉饅頭果。

野 桐
Mallotus japonicus

◆ 大戟科 Euphorbiaceae ◆

　　台灣的低海拔山區，到處都有野桐的生長分佈，它的親戚還包含有血桐、白匏子及粗糠柴等，這些大戟科成員都是台灣黑星小灰蝶的重要食樹。野桐本身所綻放的花朵除了是台灣黑星小灰蝶幼蟲的食物以外，每當4～6月的花季，便會引來各種彩蝶駐足花間，如渡氏烏小灰蝶、田中烏小灰蝶及蓬萊烏小灰蝶便特別迷戀其間。

　　一般來說，台灣黑星小灰蝶的分佈普遍，全台灣的中海拔至平原地區十分常見。雌蝶喜愛將卵產在含苞待放的花序上，幼蟲就攝食花部器官，羽化後的成蝶多活動於林緣邊，經常群聚在濕地上吸水，也熱愛遊訪各種的野花間，如火炭母草、大花咸豐草、馬纓丹或食茱萸等。當然，野桐所盛開的花朵也是台灣黑星小灰蝶主要的營養攝取來源之一。

休息中的台灣黑星小灰蝶（雌蝶）。

台灣黑星小灰蝶的卵。

台灣黑星小灰蝶的終齡幼蟲。

【 攝食蝶種 】

台灣黑星小灰蝶
Megisba malaya sikkima

吸水中的台灣黑星小灰蝶（雄蝶）。

飛行中的台灣黑星小灰蝶（雄蝶）。

野桐。

血 桐
Macaranga tanarius

◆ 大戟科 Euphorbiaceae ◆

　　在大戟科植物中，血桐算是台灣低平原地區十分常見的植物，它的葉片形態有些近似錦葵科的黃槿，兩者經常混生在沿海的樹林中，所以在辨識上需要特別注意。

　　有年冬天與埔里的羅姓友人，前往墾丁找尋數種熱帶蝶類的幼生期，同行還包含五十嵐邁、松香宏隆等數位日籍蝶類愛好者，而白紋黑小灰蝶則是我們首要的探詢目標。

　　原生於恆春半島的蝶類當中，白紋黑小灰蝶算是最具有神秘色彩的一種。蝶蹤主要活躍於海岸邊緣的林木中，根據五十嵐邁先生於東南亞的觀察紀錄得知，這種蝴蝶的幼蟲以捕食帶有白粉的介殼蟲類昆蟲為生，而血桐或野桐類的樹種，則為主要的寄主對象。

　　有了這麼明確的方向，加上眾多人馬的努力下，不出多久時間，便於離墾丁街道不遠處海岸林中的血桐葉片上，尋得各齡層的幼蟲，以及數隻在附近活動的成蝶。白紋黑小灰蝶的幼蟲自孵化後，便以捕食介殼蟲類昆蟲為生，不會去攝食血桐葉片，所以算是道地的肉食性昆蟲。

【攝食蝶種】

白紋黑小灰蝶
Spalgis epeus dilama
台灣黑星小灰蝶
Megisba malaya sikkima

休息中的白紋黑小灰蝶（雌蝶）。

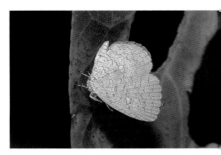

恆春半島海岸林裡，白紋黑小灰蝶全年可見（雌蝶）。

休息中的台灣黑星小灰蝶（雄蝶）。

白紋黑小灰蝶的終齡幼蟲。

白紋黑小灰蝶的蛹。

血桐。

柑橘屬
Citrus spp.

◆ 芸香科 Rutaceae ◆

　　一般我們食用的水果如柑桔、檸檬、柚子、柳橙及金棗等，皆為柑橘類的成員，它們的葉片是黑鳳蝶屬蝶類幼蟲重要的食物來源，因此相關的蝶類也就成為農民眼中的「害蟲」。

　　其實包含大鳳蝶、玉帶鳳蝶、黑鳳蝶、烏鴉鳳蝶、無尾鳳蝶、無尾玉帶鳳蝶及柑橘鳳蝶等大型蝶類，牠們危害果樹的程度輕微，卻硬是被冠上「害蟲」的頭銜，真讓人為牠們叫屈。

　　在這些黑鳳蝶類家族中，大鳳蝶的形態最令人稱奇。雄蝶具有黑色體翅、無尾，而雌蝶則分成有尾及無尾兩型，羽化的雌蝶色彩更是千變萬化，在自然界中幾乎找不到相同斑紋的蝶隻，也因此贏得了「台灣蝶類魔術師」的雅稱。

　　近期筆者於蘭嶼島上發現了無尾玉帶鳳蝶的蹤跡，並攝得其幼生期，因此這種來自菲律賓的迷蝶，已確實定居蘭嶼。雌蝶的斑紋色彩變化頗大，亦分成無尾及有尾型。

【攝食蝶種】

無尾玉帶鳳蝶 *Papilio alphenor*
無尾鳳蝶 *Papilio demoleus libanius*
大鳳蝶 *Papilio memnon heronus*
烏鴉鳳蝶 *Papilio bianor thrasymedes*
玉帶鳳蝶 *Papilio polytes polytes*
黑鳳蝶 *Papilio protenor*
柑橘鳳蝶 *Papilio xuthus*

無尾型的大鳳蝶雌蝶，正享用油桐花的甘甜。

交尾中的大鳳蝶，上雌下雄。

遊訪於仙丹花間的大鳳蝶（雄蝶）。

大鳳蝶的終齡幼蟲。

柚子。

柑橘類植物

遊訪馬纓丹花間的無尾鳳蝶（雄蝶）。

蒞臨㕦骨消花間的黑鳳蝶（雄蝶）。

無尾鳳蝶的終齡幼蟲。

台灣新紀錄蝶類的無尾玉帶鳳蝶（雄蝶）。

交尾中的柑橘鳳蝶。

吸水中的烏鴉鳳蝶雌蝶。

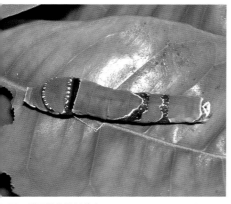

無尾玉帶鳳蝶的終齡幼蟲。

無尾玉帶鳳蝶有尾型的雌蝶。

正在吸食貓兒菊花蜜的玉帶鳳蝶（雄性斑紋型的雌蝶）。

山刈葉
Melicope semecarpifolia

遊訪金露花的雄蝶。

◆ 芸香科 Rutaceae ◆

　　一日敏亮兄遠從彰化來訪，便帶他到植物相豐富的粗坑走走，一會兒功夫我們就在林緣邊發現山刈葉的蹤跡。筆者告訴友人：「山刈葉是大琉璃紋鳳蝶的主要食草。」敏亮兄回應說：「還有一種植物的長相與它十分接近，那就是三腳鱉，也同樣是大琉璃紋鳳蝶的重要食草。」

　　友人是學植物分類出身的，沒想到他對蝶類的生態也有著深厚功力。一路的談笑中，提起許多藥草常識，讓我受益良多，也敬佩這位前輩獨到的生態見解。

一對交尾的大琉璃紋鳳蝶。

　　目前大琉璃紋鳳蝶棲息在台灣北部至東北部的低山區，平原地帶偶爾可見。新竹北埔一帶山區是已知分佈的南限，並與琉璃紋鳳蝶混棲生活一起，而位於宜蘭的棲蘭苗圃也發生同樣情況。

　　這種美麗彩蝶是花間常客，亦是溪流蝶道重要的組成份子，吸水時會將雙翅平展開來，這與多數黑鳳蝶屬的蝶類習性雷同。由於蝶隻擁有大型又美麗的斑紋色彩，在台灣各處的蝴蝶園裡，往往成為最受人矚目的焦點彩蝶明星之一。

雌蝶只會出現於花間。

【攝食蝶種】

大琉璃紋鳳蝶
Papilio paris nakaharai

大琉璃紋鳳蝶的終齡幼蟲。

吸水中的雄蝶。

山刈葉。

羅氏鹽膚木

Rhus chinensis var. roxburghiana

◇ 漆樹科 Anacardiaceae ◇

　　在自然界中有許多無法解釋的謎團，像羅氏鹽膚木與姬雙尾燕蝶便是一例。只要對於野生植物稍有認識的人都知道，羅氏鹽膚木是一種分佈廣泛的樹木，全台灣的低山區至中海拔的向陽環境，多有它的蹤影存在，數量十分龐大。

　　只要仔細觀察，也不難發現在羅氏鹽膚木的成樹枝幹上，常有蟻類築巢其間，黑色圓球狀的蟻巢常被誤認為是虎頭蜂的巢穴，令人畏懼。但是姬雙尾燕蝶便是喜愛選擇這樣的組合，才會將卵產於蟻巢附近的枝條或樹幹上。孵化後的幼蟲由蟻類保護共生或攝食細嫩的葉片成長。

　　羅氏鹽膚木的分佈是如此普及，按照常理來說，姬雙尾燕蝶應該也是要如同三星雙尾燕蝶或台灣雙尾燕蝶一樣，族群在全台灣普遍可見才對，但是在雙尾燕蝶家族中，牠卻是分佈最為狹隘的一種。為何發生如此的分佈情況，一時之間也很難有個定論，種種的謎團也就成為很好的生態探討方向。

　　雖然姬雙尾燕蝶的族群數量不多見，但還不至於稱為稀有蝶類，只要山區跑得勤的話，在夏秋兩季盛開的冇骨消花叢間，還是有機會見到蝶隻秀麗的身影，如中部南山溪、北橫萱源等地。

【 攝食蝶種 】

姬雙尾燕蝶 *Spindasis kuyanianus*

遊訪冇骨消花叢間的姬雙尾燕蝶雄蝶。

雙尾燕蝶類家族中，姬雙尾燕蝶算是最袖珍的一種

在北橫一帶，銀帶三尾小灰蝶(*Catapaecilma maja moltrechti*)，經常於羅氏鹽膚木族群附近活動，推測幼生期應該也是與羅氏鹽膚木上的蟻類家族共生。

羅氏鹽膚木。

樟葉槭
Acer albopurpurascens

◆ 槭樹科 **Aceraceae** ◆

　　台灣各處中海拔山區是樟葉槭的家，由字面上來看，我們很容易理解這種槭樹科植物的葉形，擬似樟樹的葉片而得名。筆者拍攝樟葉槭的地點是在北橫大曼，這裡也是田中烏小灰蝶、埔里琉璃小灰蝶及姬三尾小灰蝶經常出沒的產地。

　　目前已知田中烏小灰蝶的食樹就只有樟葉槭一種，蝶蹤出現於5～6月間，喜愛訪花，經常蒞臨野桐、小花鼠刺及殼斗科植物的花叢間。相形之下，姬三尾小灰蝶的食草便寬廣許多，已知有薔薇科的山櫻花、大戟科的細葉饅頭果、鼠李科的桶鉤藤及樟葉槭等。

　　這些蝶類成員當中，埔里琉璃小灰蝶的族群數量是最為普及的一種，仲夏期間不難於公路旁或林道濕處見到數十或上百以上的蝶隻，群聚一起的壯麗畫面。

【攝食蝶種】

姬三尾小灰蝶
Horaga albimacula triumphalis

田中烏小灰蝶
Satyrium tanakai

埔里琉璃小灰蝶
Celastrina lavendularis himilcon

田中烏小灰蝶訪花的曼妙鏡頭討人喜愛（雄蝶）。

姬三尾小灰蝶的蛹。

埔里琉璃小灰蝶的翅背色彩亮麗（雄蝶）。

群聚於公路旁濕地吸水的埔里琉璃小灰蝶（雄蝶）

樟葉槭

樹 杞
Ardisia sieboldii

◆ 紫金牛科 Myrsinaceae ◆

　　幾年前筆者瘋狂地喜愛上水生植物，一有時間就穿梭在荒野沼澤地中，其間發現樹杞經常出現在田埂、溪流邊或水溝旁，頗耐濕生環境，一度還認為它是水生木本植物的一種，不過在國外確實有水生樹杞的存在。

　　樹杞是埔里波紋小灰蝶的食樹，當然這種蝶類的食性甚廣，雌蝶也會選擇多種紫金牛科的植物產卵，包括常見的山桂花、台灣山桂花或春不老等。成蝶羽化的數量頗為豐富，是低海拔山區常見蝶類之一。

　　一般來說，埔里波紋小灰蝶的性情活潑，喜愛活動於林緣邊，當然溪流稍為陰涼的環境，更是蝶隻經常出沒的地點，畢竟這種蝶類與其他波紋小灰蝶類一樣嗜食礦物質，而溪床上的溼沙地就是很好的食物取得來源。

【攝食蝶種】

埔里波紋小灰蝶
Nacaduba kurava therasia

喜愛遊訪大花咸豐草花間的埔里波紋小灰蝶（雄蝶）

正在行日光浴的雄蝶。

休息中的雌蝶。

埔里波紋小灰蝶的卵。

樹杞。

大花灰木
Symplocos macrostroma

◆ 灰木科 Symplocaceae ◆

大花灰木的花朵。

在宜蘭、台北及桃園等縣市，海拔超過600公尺以上的陰濕山區，就能找到大花灰木的蹤跡，它的花期集中於冬季，雪白的花朵繁盛又美麗。

幾乎有大花灰木分佈的地方，就有拉拉山三尾小灰蝶的蹤影，它們彼此間的關係密不可分。記得有一次與朋友到宜蘭大同鄉境內的崙埤池，觀察珍稀水生植物蓴菜的開花情況。大夥一早就步行上山，抵達池畔時還不到十點，山嵐雲霧依舊裊繞在山頭上。

大花灰木的葉片近攝。

雖然崙埤池已來過許多次，但是能在6月份前來，還算是第一次。就在步行環繞湖畔一圈時，幾隻拉拉山三尾小灰蝶飛舞在眼前，牠們在大花灰木的樹叢間穿越，好像要產卵的樣子。當筆者把鏡頭鎖定在雌蝶正要產卵的畫面時，領隊的邱老師卻傳來慘叫聲，他被青竹絲咬傷了，同行夥伴為了顧及人身的安全，便趕緊護送隊長下山，當然在倉促之中，也就無暇兼顧那難得一見的產卵鏡頭，實在殊為可惜！

停棲在食樹葉上休息的雌蝶。

目前拉拉山三尾小灰蝶的族群，可見於台北市郊的北插天山、桃園達觀山、新竹鴛鴦湖及宜蘭草埤等地，部分地區繁衍的數量還頗為豐富。

【攝食蝶種】

拉拉山三尾小灰蝶
Horaga rarasana

產完卵後飛到戟葉蓼葉上休息的雌蝶。

大花灰木。

山黃梔
Gardenia jasminoides

◈ 茜草科 Rubiaceae ◈

山黃梔果實有綠底小灰蝶幼蟲的食痕。

　　山黃梔有許多的別名，像黃梔子、梔子花等皆是。在很早以前，這種植物便被引進庭園中觀賞，主要是它那大型潔白又具芳香的花朵引人入勝，而且果實成熟時也能治療某些疾病，所以栽植十分普遍。

　　對於綠底小灰蝶來說，山黃梔的果實是目前僅知的幼蟲食物來源，所以低海拔山區只要有山黃梔分佈的場所，便有可能見到綠底小灰蝶的身影。一般來說，綠底小灰蝶的卵多產於果皮或基部枝條上，孵化後的幼蟲攝食表皮並鑽入果實內生活，蛹也多化於果殼內，羽化時才鑽出洞外，是頗為有趣的蝶類生活史過程。

專注遊訪冇骨消花叢間的雄蝶。

　　綠底小灰蝶的體翅色彩展現，正如其名一樣，腹面以綠色為主，這是台灣其他蝶類沒有的獨特風格，識別十分容易。成蝶愛訪花，也會飛臨濕地上吸水，南部全年可見，北部地區則集中發生於5～10月間，算是山區常見的蝶類。

【 攝食蝶種 】

綠底小灰蝶 *Deudorix eryx horiella*

綠底小灰蝶經常蒞臨山香圓花間（雄蝶）。

正在吸食大花咸豐草花蜜的青帶鳳蝶（雄蝶）。

青帶鳳蝶的卵。

青帶鳳蝶的蛹。

青帶鳳蝶的終齡幼蟲。

樟樹。

遊訪馬纓丹花間的青帶鳳蝶（雄蝶）。

擬態枯枝的黃星鳳蝶蛹。

專注吸食花蜜的黃星鳳蝶（雄蝶）。

在溪邊堤防上吸水的埔里三線蝶（雄蝶）。

黃星鳳蝶的終齡幼蟲。

溪流邊的鳥類排遺常吸引大黑星挵蝶前往吸食（雄蝶

青帶鳳蝶的秀麗身影，經常出現在溪流處（雄蝶）。

遊訪有骨消花間的台灣鳳蝶（雄蝶）。

吸水中的升天鳳蝶（雄蝶）。

土肉桂

Cinnamomum osmophloeum

◆ 樟科 **Lauraceae** ◆

有一年5月中旬前往惠蓀林場尋找蝶蹤，可是那年梅雨卻遲遲不來，山區顯得特別乾燥。帶領我的羅姓朋友保證：「一定可以發現寶島小灰蝶」，果然進入叢林內不久便發現蝶影；不過卻因為風勢過強的關係，而無法順利攝得生態照片。或許老天要彌補過程中的努力辛勞，隨後發現了許多稀有蝶類，如台灣銀背小灰蝶、紅小灰蝶、霧社烏小灰蝶及渡氏烏小灰蝶等。

在叢林中穿梭時，發現一隻青帶鳳蝶想在土肉桂嫩葉上產卵，看著看著，結果就發現了葉片上斑鳳蝶的終齡幼蟲。雖然斑鳳蝶的成蝶在3～5月間普遍出現，但野外要尋找幼生期不像黃星鳳蝶那般容易，真是難得的巧遇。

土肉桂生長在台灣中部以北的山區，海拔以500～1200公尺處最為普及。如果採集到斑鳳蝶的雌蝶，想要人工套網取卵時，必須注意斑鳳蝶習慣將卵產在嫩葉上，所以套網先端的空間要保留大些，如此才能彰顯效果。同樣地像寬青帶鳳蝶、青帶鳳蝶、木生鳳蝶及昇天鳳蝶等近親，亦有相同習性，在進行時便需要特別留意。

【 攝食蝶種 】

斑鳳蝶 *Chilasa agestor matsumurae*
寬青帶鳳蝶 *Graphium cloanthus kuge*
青帶鳳蝶 *Graphium sarpedon connectens*

春季桃花綻放，吸引斑鳳蝶駐足（雄蝶）。

中部的合歡溪畔來了幾隻斑鳳蝶停留吸水（雄蝶）

斑鳳蝶的終齡幼蟲。

迷戀冇骨消花間的青帶鳳蝶（雄蝶）。

群聚一起吸食礦物質的寬青帶鳳蝶（雄蝶）。

土肉桂。

青葉楠
Machilus zuihoensis var. *mushaensis* ◆ 樟科 **Lauraceae** ◆

北橫的三月天，山林植物紛紛吐新芽，青葉楠的綠、櫸木的紅，紅綠交錯的葉片將山巒點綴得欣欣向榮，燦爛奪目的春天似乎已經來到。就在青葉楠展開新葉的同時，親密組員的升天鳳蝶、木生鳳蝶、寬青帶鳳蝶及青帶鳳蝶的成蝶，也相繼破蛹而出，一起加入春天的熱鬧組曲裡。

在明池附近的溪谷裡有處攔沙壩，與路面落差約數百公尺，在壩區落水處的前方淤積一片泥沼地，就像小型沼澤般。但要下到谷地裡必須有繩索輔助，否則沿途懸崖峭壁的地形，讓人寸步難行；因此這裡除了野生動物的足跡外，幾乎沒有人會到此一遊，不過這裡便是筆者觀察木生鳳蝶的秘密基地。木生鳳蝶是北橫最具代表性的蝶類之一，3~5月是成蝶羽化期，清晰的斑紋色彩，加上優雅的飛行姿態，宛若優美的仙子，著實討人喜愛。

與木生鳳蝶幾乎長得一模一樣的升天鳳蝶，很容易造成視覺混淆，然而區隔上可由後翅黃色紋的連接與否，來進行快速辨識，連接者則是木生鳳蝶，而升天鳳蝶在體色黑斑的展現也較為平淡。當然寬青帶鳳蝶及青帶鳳蝶，也是屬於清秀類型的彩蝶，同樣引人注目。

青葉楠是樟科植物的成員，它是香楠的一個變種，不過也有學者將它獨立成新種霧社禎楠(*Machilus mushaensis*)；但不管如何，青葉楠與香楠的功能都是一樣的，對於喜愛蝶類而言，只要能夠確認食草長相，至於分類問題，就不用那麼在意了。

【攝食蝶種】

木生鳳蝶
Pazala timur chungianum

升天鳳蝶
Pazala eurous asakurae

寬青帶鳳蝶
Graphium cloanthus kuge

青帶鳳蝶
Graphium sarpedon connectens

形態優雅的木生鳳蝶，正專心吸取濕地上的礦物質（雄蝶）。

青葉楠。

木生鳳蝶的卵。

木生鳳蝶的蛹。

聚集在宜蘭明池溪畔吸水的升天鳳蝶（雄蝶）。

木生鳳蝶的終齡幼蟲。

吸水中的青帶鳳蝶。

這隻木生鳳蝶的斑紋有些變異（雄蝶）。

寬青帶鳳蝶經常群聚一起享用清泉。

龍　眼
Euphoria longana

◆ 無患子科 Sapindaceae ◆

　　台灣栽培了兩種著名的無患子科水果，分別是荔枝與龍眼，它們那甜美的果肉讓人垂涎三尺，同時也是恆春小灰蝶喜愛的食物之一。龍眼的果實多於夏末成熟，而荔枝則於端午節前後最為多產，也因此在栽培這兩種植物的果園附近，一定盛產恆春小灰蝶。

　　舉個實例來說，筆者有位友人在苗栗竹南山區有片龍眼混雜荔枝的果園，這裡因為從未使用農藥，每到了果實成熟期，便有為數可觀的恆春小灰蝶繁殖其間，在果園下的住家旁栽培的繁星花、冇骨消、臭娘子及馬纓丹的花叢間，盡是恆春小灰蝶的身影，熱鬧非凡。

　　一般來說，恆春小灰蝶的幼蟲主要攝食果肉部分，而台灣琉璃小灰蝶的幼蟲則偏愛細嫩的幼葉。這兩種蝴蝶都會同時選擇多種植物產卵，如無患子或荔枝樹等。

正在吸食繁星花蜜汁的恆春小灰蝶（雄蝶）。

休息中的恆春小灰蝶（雌蝶）。

駐足花間休息的台灣琉璃小灰蝶（雌蝶）。

【攝食蝶種】

恆春小灰蝶
Deudorix epijarbas menesicles
台灣琉璃小灰蝶
Acytolepsis puspa myla

吸食烏龜屍體汁液的台灣琉璃小灰蝶（雄蝶）。

恆春小灰蝶後翅缸角的葉狀片擬似兩個大眼睛，具有自我保護的功能。

龍眼

A Field Guide To Food Plants For Butterflies In Taiwan

台灣蝴蝶食草

Part.5

落葉喬木

水 柳
Salix warburgii

◆ 楊柳科 Salicaceae ◆

產卵中的紅擬豹斑蝶。

水柳是一種典型的沼生性木本植物，與它生態上有親密關係的蝶類有紅擬豹斑蝶及台灣黃斑蛺蝶。其他水生或園藝用外來引進的楊柳科植物，如水社柳、光葉水柳及垂柳等，也都是牠們選擇產卵的對象。

由於水柳的普遍分佈，紅擬豹斑蝶及台灣黃斑蛺蝶也就十分常見，甚至連都會區的公園或街道上，都能見到兩者的身影，可見牠們對於環境適應的能力，遠勝於其他蝶類。

飛臨筆者家中吸食地磚水分的紅擬豹斑蝶（雄蝶）。

在筆者家中的水生植物園裡，就栽植不少種類的水柳家族。每年到了5～11月間，牠們自然會飛臨前來產卵、繁衍，花叢中總會見到兩者活潑俏麗的身影，實在討喜又惹人憐愛。

【攝食蝶種】

紅擬豹斑蝶
Phalanta phalantha

台灣黃斑蛺蝶
Cupha erymanthis

台灣黃斑蛺蝶經常造訪馬纓丹（雄蝶）。

紅擬豹斑蝶的卵。

休息中的台灣黃斑蛺蝶（雄蝶）。

台灣黃斑蛺蝶的終齡幼蟲。

水柳。

台灣赤楊
Alnus forrmosana

◆ 樺木科 Betulaceae ◆

　　在我年少時的昆蟲採集過程中，寬邊綠小灰蝶是最先接觸到的綠小灰蝶類。雖然牠是台灣容易見到的綠小灰蝶家族成員之一，但對於當時還是初學者的筆者而言，能夠在野外採獲到寬邊綠小灰蝶，也夠讓人興奮幾天，現在回想起來，快樂滋味依然難忘。

　　寬邊綠小灰蝶的唯一食樹便是台灣赤楊，分佈在中海拔山區，頗為常見。夏天時寬邊綠小灰蝶會將卵產在台灣赤楊的枝條或莖幹上，隔年春天才孵化進食，成蝶於5～9月間陸續羽化，一年僅發生一世代。

　　與其他多數的綠小灰蝶類一樣，寬邊綠小灰蝶的雄蝶擁有綠色帶有金屬光澤的翅背，雌蝶則只有不起眼的藍色斑紋展現。

【攝食蝶種】

寬邊綠小灰蝶
Neozephyrus taiwanus

雄蝶擁有金屬斑的亮麗綠紋。

行日光浴的雄蝶。

正在吸食菝草葉表露水的雌蝶。

寬邊綠小灰蝶的終齡幼蟲。

台灣赤楊。

寬邊綠小灰蝶是台灣特有的蝶類（雄蝶）。

阿里山千金榆
Carpinus kawakamii

◆ 樺木科 Betulaceae ◆

在自然界中，有些地區環境看似貧瘠，卻有部分植物特別喜愛生長於此，阿里山千金榆便是一例。有它出現的環境，通常是岩石峭壁圍繞的的崩塌地，並常與台灣栲、青剛櫟或櫸木混生在一起。

有句諺語說的好：「嫁雞隨雞」，台灣紅小灰蝶的幼蟲僅以阿里山千金榆的葉片為食，蝶隻也就生活在這樣的環境裡。兩者分佈的海拔通常介於800～2500公尺間，如南投蓮華林場、台中合歡溪或桃園上巴陵一帶等。

一般說來，棲息在海拔800～1500公尺間的族群，通常會在5～6月陸續羽化，7月過後就絕少發現；然而分佈在海拔2000公尺以上的族群，7月初才是羽化顛峰期，成蝶活動的時間可以延續至8月中旬才結束。

這種斑紋色彩與紅小灰蝶近似的小型蝶類，其實兩者的生活習性差異頗大，畢竟台灣紅小灰蝶喜愛在乾燥的山區環境活動，而紅小灰蝶則是濕潤森林中的產物，也因此限制了棲地的重疊性；不過在台中合歡溪一帶海拔約2000公尺的山區，是兩者少數混棲生活的例外。

【攝食蝶種】

台灣紅小灰蝶
Cordelia comes wilemaniella

台灣紅小灰蝶的四齡幼蟲。

休息中的台灣紅小灰蝶，是筆者於梨山一帶的松茂林道攝得（雄蝶）。

阿里山千金榆。

山毛櫸
Fagus hayatae

◆ 殼斗科 **Fagaceae** ◆

　　山毛櫸又稱「台灣水青岡」，是台灣特有殼斗科植物，分佈狹隘，族群生育在桃園拉拉山、台北北插天山及宜蘭銅山與阿玉山等中海拔山區，高度介於1400～2000公尺間的濕潤霧林帶森林中。

　　民國80年代中期，知道北插天山出產新種蝴蝶「夸父綠小灰蝶」時，那年冬天便與埔里的羅姓友人相約上山尋找其幼生期。我們選擇北橫東眼山森林遊樂區為出發點，雖然這裡是最便捷的路線，但還是必須步行兩個多小時的路程才能夠抵達。到了稜線時，雲霧裊繞山頭，山毛櫸豔紅的葉片掉落一地，景致煞是迷人。

　　由於這裡多數的山毛櫸並不高大，我們很容易爬上頂端尋找休眠芽上的越冬卵，收種良多。在大自然裡很容易就忘了時間的流逝，直到黃昏才摸黑下山，在沒有任何燈光的輔助下，真正體會「寸步難行」的真理。不過一路卻也發現好幾個珍稀鳥類「藍腹鷴」的族群，興奮之餘也戰勝了掉落山谷的恐懼，並留下難忘的回憶。

　　夸父綠小灰蝶的羽化期集中於5月下旬至6月初，時間約僅有20天左右，而且通常在早上十點前才會低飛停留，所以想要一睹其風采，必須掌握關鍵時間。

【攝食蝶種】

夸父綠小灰蝶 *Sibataniozephyrus kuafui*

山毛櫸。

分佈狹隘的夸父綠小灰蝶是台灣特有蝶類（雌蝶）。

產於休眠芽上的卵。

山毛櫸蒼綠的景緻。

台灣朴
Celtis formosana

◆ 榆科 **Ulmaceae** ◆

台灣朴又稱「石朴」，是榆科植物中最受蝶類青睞的樹種，在自然界中至少有八種蝶類會選擇它的葉片產卵。族群分佈於海拔1500公尺以下山區，全台灣普遍可見，屬於落葉性喬木。

與台灣朴有親密關係的這些蝶類，牠們都算是森林性種類，成員們的生活習性不盡相同。像台灣小紫蛺蝶、紅星斑蛺蝶及姬雙尾蝶的成蟲，幾乎拒絕訪花，牠們喜愛的食物是樹液、腐果或動物排遺；而台灣三線蝶、泰雅三線蝶、緋蛺蝶、豹紋蝶及長鬚蝶等組員，牠們除了迷戀上述的食物外，亦會蒞臨花間，對於食物的需求更為廣泛。

其實選擇近似種朴樹為產卵的蝶類，一樣可以採用台灣朴來進行人工採卵及餵食，如大紫蛺蝶就是很好的例子。不過在野外環境裡，大紫蛺蝶似乎只會選擇朴樹為產卵植物。我想這跟人的飲食習慣一樣，平常各取所需，一旦有意外狀況發生時，還是可以更換其他食物的。

就像姬雙尾蝶，雖然會選擇台灣朴為產卵植物，但牠更喜愛山黃麻，而在梨山一帶的中海拔山區，卻能在豆科植物的合歡樹上找到幼蟲，所以這種蝶類的食性便十分複雜。

另外還有一項奇特的現象，棲息於台灣各地的台灣小紫蛺蝶及紅星斑蛺蝶族群一般多以幼生期度冬，然而在恆春半島地區，卻常年能夠見到新鮮羽化的個體出現，可見溫暖的氣候也可以改變一種蝶類的生活史。

【攝食蝶種】

台灣小紫蛺蝶
Chitoria chrysolora

紅星斑蛺蝶
Hestina assimilis formosana

台灣三線蝶 *Neptis nata lutatia*

泰雅三線蝶 *Neptis soma tayalina*

緋蛺蝶
Nymphalis xanthomelas formosana

姬雙尾蝶
Polyura narcaea meghaduta

豹紋蝶
Timelaea albescens formosana

長鬚蝶 *Libythea celtis formosana*

正在享用汁液的紅星斑蛺蝶，是低海拔地區常見的蛺
蝶（雌蝶）。

紅星斑蛺蝶的終齡幼蟲。

台灣朴。

活潑好動的台灣小紫蛺蝶，領域性十分強烈（雄蝶）。

濕地上的礦物質是姬雙尾蝶喜好的天然食物（雄蝶）。

行日光浴中的台灣小紫蛺蝶（雌蝶）。

在水泥地上吸取礦物質的泰雅三線蝶（雄蝶）。

台灣小紫蛺蝶的終齡幼蟲。

吸水中的台灣三線蝶（雄蝶）。

緋蛺蝶喜好吸食樹液及腐果（雄蝶）。

於春季羽化的長鬚蝶。

姬雙尾蝶的終齡幼蟲。

正在吸食果汁的豹紋蝶（雄蝶）。

朴　樹
Celtis sinensis　　◆ 榆科 Ulmaceae ◆

　　以朴樹為食樹的蝶種中，大紫蛺蝶算是最出色的一種。牠是台灣最大型的蛺蝶科成員，也是台灣少數具有法律保護的昆蟲之一。目前族群僅見於台灣中部以北及東部山區，分佈範圍狹隘。反觀食草朴樹的分佈卻全台可見，由平地至海拔兩千公尺山區都有族群的蹤影，這樣有趣的生態現象值得深思。

　　大紫蛺蝶雖為保育類昆蟲，筆者倒不覺得牠在野外有多麼稀有難尋，但大型美麗確實討人喜愛。北橫巴陵一帶是著名產地，周圍山區如新竹尖石、五峰等地，也是蝶隻活動的範圍。另外在宜蘭台 7 甲線南山至思源埡口路段，台中梨山接近松茂的溪谷兩岸也發現不少族群棲息，而花蓮天祥一帶也是知名的盛產地之一。

　　以巴陵為例，每年 5 月中旬大紫蛺蝶陸續羽化，6 月初達到高潮，7 月多為破舊個體，雌蝶開始產卵，選擇的朴樹都是粗壯高大的植株，幼蟲在樹上生活三齡，隨冬季的來臨，爬行到附近的落葉堆裡躲藏度冬，春季才又上樹進食。成蝶嗜好腐熟水果、樹液等天然食物，若要進行觀察可採用水果誘集，極為容易。

　　至於其他與朴樹連結的蝶類，在幼生期的飼養方面皆可由台灣朴取代，兩者的功能幾乎是一模一樣。所以像姬雙尾蝶或泰雅三線蝶這兩種蝶類，應該也會選擇朴樹為產卵植物才對，只是機率較少，目前尚無人發現罷了。

【 攝食蝶種 】

台灣小紫蛺蝶 *Chitoria chrysolora*

紅星斑蛺蝶
Hestina assimilis formosan

台灣三線蝶 *Neptis nata lutatia*

緋蛺蝶
Nymphalis xanthomelas formosana

豹紋蝶
Timelaea albescens formosana

大紫蛺蝶
Sasakia charonda formosana

長鬚蝶 *Libythea celtis formosana*

停棲於李樹上行日光浴的大紫蛺蝶（雄蝶）。

吸食樹幹上汁液的大紫蛺蝶（雄蝶）。

大紫蛺蝶雄蝶的繽紛的色彩令人讚嘆。

飛臨公路旁水泥牆上吸水的大紫蛺蝶（雄蝶）。

大紫蛺蝶的卵。

朴樹。

大紫峽蝶的三齡越冬幼蟲。

大紫峽蝶的終齡幼蟲。

5～6月是緋峽蝶的羽化期，圖中雄蝶攝於桃園中巴陵

大紫峽蝶的蛹。

飛行中的豹紋蝶（雄蝶）。

休息中的台灣小紫峽蝶（雄蝶）。

吸水中的台灣三線蝶（雌蝶）。

專注吸食樹液的台灣小紫蛺蝶（雌蝶）。

紅星斑蛺蝶棲息在中海拔，成蝶於6~8月間出現（雄蝶）。

長鬚蝶台灣產一屬一種，是山林裡常見的蝶類（雄蝶）。

豹紋蝶的終齡幼蟲。

推測荒木小紫蛺蝶應該也是以朴樹為產卵植物（雄蝶）。

櫸木
Zelkova serrata ◆ 榆科 Ulmaceae ◆

幾年前與朋友相約前往北橫觀察春季蝶類，先行抵達後便將車子停放在大曼橋旁的櫸木下等候。四月，這棵高大的櫸木早已換上新裝，紅色嫩芽蛻變成柔和的翠綠葉片，陽光經由樹梢穿透下來的矇矓感，身歷其境宛如置身於夢幻天堂之中。

春天也是昆蟲活躍季節的開始，幾條緋蛺蝶幼蟲正由樹幹間爬行而下，心想牠們可能在找尋化蛹地點。果然一旁有塊大石頭，背面陰涼處已掛上幾個蝶蛹，也才確定了緋蛺蝶生活史的完整過程。有一年的冬天，在我梨山住處的儲藏室裡，發現一隻沾滿蜘蛛絲的緋蛺蝶成蝶掛在牆角邊，原本以為是蝶屍，觸摸牠時卻有動的感覺，一路觀察下來，蝶隻在三月初飛離房舍，原來緋蛺蝶的越冬方式竟是如此。

櫸木是一種落葉性的高大喬木，通常生育在崩塌環境及較為乾旱的山區，海拔由100～1500公尺間全台皆有普遍分佈。

在北橫中巴陵地區，有棵山香圓於4～6月間綻放花朵，白底烏小灰蝶是花間常客。一旁生長幾棵巨大的櫸木，經常看見雌蝶穿梭在樹叢間，心想這應該就是白底烏小灰蝶的食草。爾後採集幾隻雌蝶進行人工套網，也產下數十粒的卵。但為了證實真相，於冬季搜尋蝶卵，果然也有收穫，食草的認定也就正確無誤了。

在海拔500～1000公尺間，白鐮紋蛺蝶選擇櫸木為產卵植物，然而更高海拔並無櫸木的分佈，這時阿里山榆便成為白鐮紋蛺蝶幼蟲重要的食物來源了。

【攝食蝶種】

緋蛺蝶
Nymphalis xanthomelas formosana

白鐮紋蛺蝶
Polygonia c-album asakurai

白底烏小灰蝶 *Satyrium austrinum*

桃園中巴陵的這棵山香圓，經常聚集十餘隻的白底烏小灰蝶。

櫸木。

櫸木葉上的白鐮紋蛺蝶終齡幼蟲。

緋蛺蝶的終齡幼蟲。

阿里山榆是白鐮紋蛺蝶另一種重要食樹。

石塊上的緋蛺蝶蛹。

遊訪大葉溲疏花間的緋蛺蝶（雄蝶）。

白鐮紋蛺蝶的卵。

每年4～5月間是白底烏小灰蝶的羽化期，成蝶出現的
時間短暫（雄蝶）。

白底烏小灰蝶的卵。

專注吸食台灣澤蘭蜜源的白鐮紋蛺蝶（雌蝶）。

台灣檫樹
Sassafras randaiense

◆ 樟科 **Lauraceae** ◆

樟科的檫樹屬植物，全世界僅有三種，分佈於美國、中國大陸及台灣，台灣的族群見於宜蘭太平山、思源埡口、明池，新竹鴛鴦湖，苗栗觀霧及台中佳陽等中部以北地區。

寬尾鳳蝶唯一的食草便是台灣檫樹，兩者皆為台灣特有生物。不過中國大陸也有寬尾鳳蝶（中華寬尾鳳蝶），但在型態及斑紋上的展現，還是差異頗大，而且近似種的幼生期是以木蘭科植物為寄主，而不是樟科成員。

或許寬尾鳳蝶的魅力令人難以抗拒，對一般愛蝶人士而言，往往成為追尋的終極目標；不過珍貴又稀少的牠，想要讓人一睹風采又談何容易！

大約二十年前的五月，與長輩同遊梨山，當時宜蘭往梨山的公路尚是碎石路面，顛簸難行。過了四季村不久，有片山壁處不斷落下水滴，濕潤的路面引來各類彩蝶享用清泉。剛要過此前橋時，一隻黑、紅、白相間的大型彩蝶迎面而來，那身影像是夢寐以求的寬尾鳳蝶，便趕緊請叔叔停下車來。果然在追逐過程中，確定蝶隻的身份，也順利採集到手。不過當時興奮的心情，卻險些將蝶隻放入三角紙前，就將蝶身震碎，那種如獲至寶的感覺，唯有真正的昆蟲癡迷才能領略一二。

有了那次經驗以後，寬尾鳳蝶似乎與我特別有緣，其中有一年在短短的幾天裡，就目擊了近百隻的成蝶。話說從頭，當年

服役期間，好不容易放了長假，推算五月中旬正是寬尾鳳蝶成蝶羽化盛產期，太平山應該是不錯的選擇。隔日17號便騎乘機車，抵達現場海拔約600公尺處的溪流段等候。雖然當時軍人騎乘機車是重大違紀，但為了寬尾鳳蝶，還是孤注一擲投入尋蝶任務。

至於為何會選擇那樣的海拔高度及方位，除了經驗的推測外，冥冥中好像有股神秘的力量牽引我前往。早上9點，陽光緩緩灑落山谷，原本沉靜的溪床有了溫度的變化，生態系裡的活動也開始甦醒熱絡起來，幾隻青帶鳳蝶首先映入眼簾，順著溪流飛行而下。稍後，一隻大型鳳蝶由前方落差極大的攔沙壩處緩緩降落，不過受光線逆差的影響，很難確定牠的身分。

就在蝶隻飛來離約50公尺處時，我驚奇地發現牠百分之百是隻寬尾鳳蝶沒錯，此時的心跳開始加速、手冒冷汗，或許因為緊張過度，蝶隻從我的網口處瞬間逃離。在沮喪的同時，又有隻寬尾鳳蝶從身邊擦身而過，就這樣對岸一隻，彼岸一隻，到了中午前後，三角箱裡已捕獲17隻寬尾鳳蝶，而且都是完整無缺的個體，感覺真像做夢一樣。

隔天，為了查明寬尾鳳蝶從何處聚集而來，便順著上游溪床走去，不過想要攀登這處宛如大型瀑布的攔沙壩，過程卻驚險萬分。一陣緊張又刺激的攀越過後，眼前的溪床轉為開闊的石礫灘地，落水前的溪

【攝食蝶種】

寬尾鳳蝶 *Agehana maraho*

大黑星挵蝶 *Seseria formosana*

流處分叉成兩條水道，左方流量甚小，水源由前方1000公尺處的地底冒出，部分形成聚水潭。或許是因為地處溫泉帶，小支流的水面凝聚一層厚實的紅色鐵鏽物。

令人驚訝的神奇現象即將在我眼前展開，一隻隻寬尾鳳蝶陸續地從上游飛了過來，到達紅色鐵質飄浮物處時，像是著魔似地紛紛急速降落，而右方大型溪流處，偶爾也有寬尾鳳蝶飛翔經過，不過牠們都會在落水處攔

沙壩前的水道交匯點，再折返到小支流來，享用鐵質飄浮物上的元素及清泉，之後再繼續往下游飛行或鄰近停留休息。

當時好奇心一時興起，想看看這條小小的支流，在一天內會吸引多少隻的雄性寬尾鳳蝶。經過片刻的仔細記錄，居然多達二十餘隻；雖然牠們絕少群聚一起吸水，但場面還是甚為壯觀，如果當時握有攝影機的話，那將會是獨一無二的經典畫面。

幾年過後，寬尾鳳蝶也正式列入保育昆蟲，而個人對於採集蝴蝶的興趣，也由鏡頭所取代。可惜歷經幾次大颱風的摧殘，當地河道全然改變。這些年來，寬尾鳳蝶發生的數量雖然依舊正常，但隨著紅色鐵質飄浮物的流失殆盡，先前蝶影密集的盛況，恐怕已難得重現。

台灣檫樹。

享用清泉的寬尾鳳蝶（雄蝶）。

寬尾鳳蝶的美令人驚嘆（雄蝶）。

遊訪於藤繡球花間的夏型雌蝶。

飛行中的雄蝶。

迷戀清泉的寬尾鳳蝶（雄蝶）。

主長於北橫明池冷杉帶的台灣欅樹

寬尾鳳蝶一齡幼蟲。

寬尾鳳蝶四齡幼蟲。

寬尾鳳蝶二齡幼蟲。

寬尾鳳蝶終齡幼蟲。

寬尾鳳蝶三齡幼蟲。

寬尾鳳蝶前蛹。

擬態樹幹的寬尾鳳蝶蝶蛹。

吸水中的大黑星挵蝶（雄蝶）。

剛卵化的寬尾鳳蝶一齡幼蟲。

山櫻花
Prunus campanulata

◆ 薔薇科 **Rosaceae** ◆

　　山櫻花的花期盛開於2～3月間，鮮明的粉紅花朵討人喜愛。也因為如此，山櫻花成為山林行道樹栽培最多原生樹種之一，野生族群也遍及全台灣低至中海拔山區。

　　但是與它相依為命的西風綠小灰蝶及姬三尾小灰蝶，分佈卻不是那麼普及，前者族群主要棲息於全台海拔1300～2500公尺間，目前以中橫的畢祿神木、北橫的達觀山及霧社一帶的山區較容易觀察；後者分佈於全台海拔1200公尺以下山區，蝶蹤難得一見。

　　初次找尋西風綠小灰蝶越冬卵的地點，是在往南投合望山的產業道路上，當時山區的產業道路正在維修，路旁有幾棵山櫻花正好要被砍除，見到如此難得的巧遇，我們大夥二話不說便馬上停車，在被丟棄一旁的山櫻花植株上找尋西風綠小灰蝶的越冬卵，結果收穫滿滿，根本不用進入合望山找尋，便已達成任務。

　　2007年7月初來到畢祿神木找尋黑底小灰蝶產卵的過程，在探詢中看到不少西風綠小灰蝶於公路旁的林緣邊活動。但多數蝶隻喜愛停棲於高處，難得低飛活動。但當時心想，在清晨時刻的綠小灰蝶類，雄蝶經常有追逐打成圓球般的習性，果然稍後便看見一對雄蝶，由樹冠層開始追逐，像滾球一樣降臨在林下地面上端相互拍翅，因為牠們的動作實在過於快速，雖然歷程有數分鐘的時間，閃光燈也猛按二十餘下，但對焦困難重重，很難攝得完美的畫面。

　　西風綠小灰蝶在綠小灰蝶類家族中，算是比較小型的成員，越冬卵產於休眠芽或細枝條上。幼蟲攝食花苞及嫩葉，於5～7間陸續羽化，一年僅發生一世代。至於姬三尾小灰蝶，幼蟲主要攝食花苞部分。

【攝食蝶種】

西風綠小灰蝶
Chrysozephyrus nichikaze
姬三尾小灰蝶
Horaga albimacula triumphalis

正在行日光浴的姬三尾小灰蝶（雄蝶）。

追逐後短暫休息的西風綠小灰蝶（雄蝶）。

山櫻花的美麗花朵。

西風綠小灰蝶的追逐過程（雄蝶）。

合 歡
Albizia julibrissin

◆ 豆科 Leguminosae ◆

結束春節假期，筆者又回到梨山的住處，雄偉的大劍山依舊威風凜凜地佇立在對岸。才剛過二月份，山頂上的冰雪已溶化了不少，不過清晰怡人的美景，依舊還是充滿令人遐思的意境。

朋友小佑將要來訪，他對歪紋小灰蝶心儀已久，而梨山一帶正是重要的產地。隔日我們前往松茂林道，方位就在大劍山下，一旁緊鄰大甲溪，這裡是觀察歪紋小灰蝶的最佳地點。

進入林道前有處檢查站，駐守人員迎笑著說：又要來看自然生態了！寒暄一番後，我們隨即步行入林。生長兩旁的合歡，已發出寸餘長的春芽，眼尖的我，馬上發現枝條上有卵蹤，這代表歪紋小灰蝶已開始出現，和牠會晤應該不成問題。

走著走著，便看見幾隻成蝶於林緣活動，這時友人才更正以往的想法：歪紋小灰蝶的成蝶是在每年2～4月出現，而不是5～6月。歪紋小灰蝶的棲息海拔介於1000～2000公尺間，而這樣的高度正是合歡族群生長最為旺盛的區塊。

我們回程時取了些卵塊，友人質疑平地能否飼養成功，其實幼蟲階段絕對不成問題，但化蛹後就必須低溫處理，否則隔年無法順利羽化，但在台灣的中海拔地區養殖則無此煩惱。

【攝食蝶種】

姬雙尾蝶
Polyura narcaea meghaduta
歪紋小灰蝶
Amblopala avidiena yfasciata
姬波紋小灰蝶
Prosotas nora formosana
台灣黃蝶 *Eurema blanda arsakia*

合歡的花朵不僅美麗，也是高山蝶類重要蜜源植物。

吸食枯草上露水的歪紋小灰蝶（雌蝶）。

濕地上吸水的歪紋小灰蝶（雌蝶）。

歪紋小灰蝶的卵。

正產卵於合歡花苞上的姬波紋小灰蝶。

歪紋小灰蝶的終齡幼蟲。

遊訪大花咸豐草的台灣黃蝶（雄蝶）。

歪紋小灰蝶的蛹。

吸水中的姬雙尾蝶（雄蝶）。

合歡。

阿勃勒
Cassia fistula

◆ 豆科 Leguminosae ◆

每年到了春夏交替的季節，便是阿勃勒抽穗開花的時候，一串串大而閃爍動人的鮮黃花朵，確實充滿了南國熱帶植物的風情。阿勃勒原產於印度，樹型美觀加上嘆為觀止的開花數量，花期又長達2～3個月的時間，栽培也容易，所以廣受歡迎，目前普遍栽培於公園、校園或各鄉鎮的行道樹。

對於觀賞價值來說，阿勃勒無疑是頂尖的樹種，但它的功能不僅只有觀賞，對於蝶類來說，阿勃勒更是數種蝶類偏好的食物來緣，像水青粉蝶、台灣黃蝶及淡黃蝶，喜愛產卵於它的嫩葉上，而含苞待放的花序，則是三尾小灰蝶喜愛產卵的對象，所以阿勃勒對於台灣蝶類的貢獻，意義也是十分深遠。

另一種樹木是主要見於台南以南的鐵刀木，也是淡黃蝶及台灣黃蝶的重要食樹；尤其在高雄美濃地區，更有鐵刀木純林的生長，所以當地分佈的淡黃蝶族群便十分龐大，「黃蝶翠谷」之美譽更是遠近馳名。

以往淡黃蝶被區分成「銀紋淡黃蝶」及「無紋淡黃蝶」兩種，後來才證實牠們其實是屬於同一種蝶類，只是幼生期受到溫度及氣候的影響，而決定斑紋體色上的不同面貌。

【攝食蝶種】

水青粉蝶 *Catopsilia pyranthe*
淡黃蝶 *Catopsilia pomoona*
台灣黃蝶 *Eurema blanda arsakia*
三尾小灰蝶 *Horaga onyx moltrechti*

阿勃勒。

飛行中準備要產卵的淡黃蝶（銀紋黃色型）。

在阿勃勒嫩葉上的雌蝶，產卵的是淡黃蝶，飛行者則是台灣黃蝶，也正準備產卵中。

產卵中的淡黃蝶（無紋型）。

台灣黃蝶群聚的幼蟲。

正專注吸食大花咸豐草蜜源的淡黃蝶（雄蝶，銀紋型）。

鐵刀木是淡黃蝶及台灣黃蝶另一種重要的食樹。

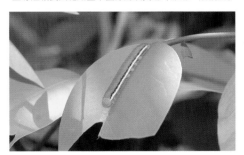

淡黃蝶的終齡幼蟲。

剛羽化的水青粉蝶（雄蝶）。

吸食繁星花的台灣黃蝶（雄蝶）。

休息中的三尾小灰蝶（雄蝶）。

魚　木
Crateva adansonii subsp. *formosensis*

◆ 山柑科 **Capparaceae** ◆

　　認識魚木要從端紅蝶的幼蟲談起。記得剛開始接觸蝴蝶的那段時間，對於大型又美麗的成員總是特別感興趣，而端紅蝶正好匯集精華於一身。牠不僅擁有亮麗的斑紋色彩，更有其他蝶類望塵莫及的高超飛行能力。

　　那是仲夏的一日，前往北濱公路的南雅地區採集蝶類，當時鎖定的物種是大白斑蝶及輕海紋白蝶，抵達現場後發現溪床的濕地上，亦有為數眾多的端紅蝶混雜其間享用清泉。

　　在那個年代對於蝴蝶的喜愛僅止於標本收藏，根本沒有想過要去瞭解蝴蝶生活史的過程。可是當我採獲一隻隻完整無缺的端紅蝶雄蝶後，亦看見體翅較黑的雌蝶，接連飛往一棵有著三叉狀葉片的灌木間徘徊，並產下許多卵粒。在老熟的葉片上，還佇立幾隻形態像極了赤尾青竹絲的幼蟲，或許就是因為牠們的長相過於奇特，便將其中一隻帶回飼養，過程中的有趣變化，也讓我第一次想要繼續瞭解其他蝶類的生活史，魚木及端紅蝶也就成為穿針引線的源起物種。

　　魚木是山柑科植物中唯一會落葉的成員，它的花朵相當鮮明美麗，綻放於5～6月間，全台普遍分佈，主要盛產於低海拔山區，其中又以台北及宜蘭地區最為常見。

【攝食蝶種】

台灣粉蝶
Appias lyncida formosana
端紅蝶
Hebomoia glucippe formosana
黑點粉蝶
Leptosia nina niobe

飛行中的黑點粉蝶（雌蝶）。

大花咸豐草與台灣粉蝶的畫面十分搭配。

端紅蝶喜愛非洲鳳仙花的甜蜜（雌蝶）。

遊訪於紅粉撲花的端紅蝶（雄蝶）。

端紅蝶的終齡幼蟲。

魚木。

賊仔樹
Tetradium glabrifolium

◆ 芸香科 Rutaceae ◆

　　賊仔樹的分佈、功能與食茱萸幾乎一樣，但它卻沒有分佈在蘭嶼及綠島。像琉璃帶鳳蝶這種僅分佈在蘭嶼的蝶類，野生食草是食茱萸，但人工飼養時幼蟲攝食賊仔樹的葉片，一樣能夠順利成長，不過賊仔樹不受無尾鳳蝶及大鳳蝶的青睞。

　　在賊仔樹這組的生態成員中，雙環鳳蝶的名氣可說是享譽國際，這可由筆者幾位外國友人身上得到證明。記得他們初次來台尋蝶攝影的目標，皆不約而同地想要找到雙環鳳蝶。其實不要說這些外國蟲癡，即使台灣的蝶類愛好者，也同樣地崇拜牠那獨樹一幟的斑紋色彩（世界僅有在後翅腹面有雙重弦月紋），當然筆者也很難不被牠的超強魅力吸引！

　　目前雙環鳳蝶的分佈還算普及，蝶隻棲息在全島800～3000公尺間的山區裡，不過族群數量不多。相形之下，賊仔樹的自然分佈便普及甚多，族群的蹤影由平地至中海拔山區，算是十分常見的一種山林植物。

　　大白裙挵蝶及台灣大白裙挵蝶是比較另類的夥伴。他們是挵蝶科成員，分佈在中海拔山區，一年僅發生一世代，冬季以幼蟲形態越冬，成蝶則多活動於5～8月間。雖說大白裙挵蝶及台灣大白裙挵蝶的斑紋色彩十分接近，但幼蟲色彩卻截然不同；前者為鮮黃體色，台灣大白裙挵蝶則以墨綠為底，並佈有許多黃斑，區隔容易。

【攝食蝶種】

台灣烏鴉鳳蝶　*Papilio dialis tatsuta*
白紋鳳蝶　*Papilio helenus fortunius*
雙環鳳蝶　*Papilio hopponis*
台灣白紋鳳蝶
Papilio nephelus chaonulus
烏鴉鳳蝶
Papilio bianor thrasymedes
黑鳳蝶　*Papilio protenor*
柑橘鳳蝶　*Papilio xuthus*
台灣大白裙挵蝶
Satarupa formosibia
大白裙挵蝶　*Satarupa majasra*

雙環鳳蝶是台灣特有蝶類（雄蝶）。

雙環鳳蝶的終齡幼蟲。

正在吸食冇骨消花蜜的台灣烏鴉鳳蝶（雄蝶）。

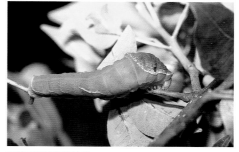

烏鴉鳳蝶的終齡幼蟲。

紅色鐵質是烏鴉鳳蝶喜愛吸食的食物（雄蝶）。

吸水中的台灣白紋鳳蝶（雄蝶）。

賊仔樹

台灣白紋鳳蝶的蛹。

柑橘鳳蝶的終齡幼蟲。

吸水中的白紋鳳蝶（雄蝶）。

吸水中的大白裙挵蝶（雄蝶）。

兩隻黑鳳蝶聚在攔沙壩濕處吸水（雄蝶）。

大白裙挵蝶習慣將卵產於葉端。

大白裙挵蝶的終齡幼蟲。

台灣大白裙挵蝶的終齡幼蟲。

遊訪馬纓丹花間的柑橘鳳蝶（雌蝶）。

食茱萸
Zanthoxylum ailanthoides

◆ 芸香科 **Rutaceae** ◆

很少有野生植物的功能可以媲美食茱萸的，因為它的葉片至少提供給12種蝶類幼蟲食用，花開時更吸引無數彩蝶紛紛造訪，台灣最優良的蝴蝶食草兼蜜源植物頭銜，就非它莫屬了。

與食茱萸搭配的蝴蝶中，無尾玉帶鳳蝶及琉璃帶鳳蝶是僅分佈在蘭嶼島上的熱帶性蝶類。以往無尾玉帶鳳蝶的身份不明，這種原產菲律賓的彩蝶，屬於偶發性迷蝶，不過近年來屢次前往蘭嶼發現，族群已定居蘭嶼，並取得幼生期的生活過程。

在台灣產的蝶類當中，琉璃帶鳳蝶算是美輪美奐的一種。牠是烏鴉鳳蝶的一個亞種，台灣僅見於蘭嶼島上。這種色彩斑紋亮麗的彩蝶，族群還算普及，只要蒞臨島上，不難在長穗木花間尋得蝶蹤，全年可見。

其他像是台灣烏鴉鳳蝶、烏鴉鳳蝶、雙環鳳蝶、白紋鳳蝶、台灣白紋鳳蝶、玉帶鳳蝶、黑鳳蝶、柑橘鳳蝶、台灣大白裙挵蝶及大白裙挵蝶等也都是這組生態成員的一份子，幼蟲的替代食物全部可以採取賊仔樹餵養。

至於食茱萸屬於落葉性的大型喬木，莖幹上長有尖銳的利刺，族群普遍見於平地至中海拔山區。它的葉片具有濃厚的氣味，常被餐飲業引用做為香料植物。

【攝食蝶種】

無尾玉帶鳳蝶 *Papilio alphenor*
台灣烏鴉鳳蝶 *Papilio dialis tatsuta*
白紋鳳蝶 *Papilio helenus fortunius*
雙環鳳蝶 *Papilio hopponis*
台灣白紋鳳蝶
Papilio nephelus chaonulus
琉璃帶鳳蝶 *Papilio bianor kotoensis*
烏鴉鳳蝶 *Papilio bianor thrasymedes*
玉帶鳳蝶 *Papilio polytes polytes*
黑鳳蝶 *Papilio protenor*
柑橘鳳蝶 *Papilio xuthus*
台灣大白裙挵蝶 *Satarupa formosibia*
大白裙挵蝶 *Satarupa majasra*

食茱萸。

求偶中的台灣白紋鳳蝶。

正在海州常山花間遊訪的大白裙挵蝶（雄蝶）。

以迷蝶身份來到台灣的無尾玉帶鳳蝶，目前已定居蘭嶼島（雄蝶）。

食茱萸的花朵是各種昆蟲喜愛的極品。

吸水中的柑橘鳳蝶（雄蝶）。

停留於濕地上吸食礦物質的雙環鳳蝶（雄蝶）。

非洲鳳仙花是白紋鳳蝶喜愛的蜜源植物（雌蝶）。

吸水中的烏鴉鳳蝶（雄蝶）。

遊訪馬利筋花叢中的黑鳳蝶（雌蝶）。

有骨消的花蜜深受台灣烏鴉鳳蝶喜愛（雄蝶）。

台灣烏鴉鳳蝶的終齡幼蟲。

僅分佈於蘭嶼島上的琉璃帶鳳蝶，美得令人窒息（雌蝶）。

玉帶鳳蝶喜愛蒞臨馬纓丹花間（雌蝶）。

無患子
Sapindus saponaria

◆ 無患子科 Sapindaceae ◆

　　有一年冬季，筆者隨友人到北橫巴陵一帶探討蝶類的越冬方式，對於當時僅以採集與標本製作為樂的我而言，那是一次前所未有的生態知識教育。

　　當我們在一株高大的無患子前面停下來時，友人解釋說：這棵樹便是蓬萊烏小灰蝶的寄主。在夏季時，雌蝶會將卵產在數公尺高的莖幹樹皮裂縫裡，為了求證，我大膽爬上樹頂並按照友人的指示，果然找到不少的卵粒。

　　從那一刻開始，自己才真正領悟到蝶類生態多樣性的奧妙，如緋蛺蝶以成蝶越冬，大紫蛺蝶的幼蟲會躲藏在落葉堆裡休眠，寬尾鳳蝶的越冬蛹擬態樹皮，而多數綠小灰蝶類的卵，都產在樹冠層頂芽上渡過漫長的嚴冬等。

　　爾後，陸續觀察無患子與其他蝶類的親密關係，目前記錄有蓬萊烏小灰蝶、墾丁小灰蝶及台灣琉璃小灰蝶會攝食嫩葉與花苞部分，而恆春小灰蝶幼蟲則喜愛它的果肉。

【攝食蝶種】

台灣琉璃小灰蝶
Acytolepsis puspa myla

恆春小灰蝶
Deudorix epijarbas menesicles

墾丁小灰蝶
Rapala varuna formosana

蓬萊烏小灰蝶
Satyrium formosanum

蓬萊烏小灰蝶是山區常見的蝶類（雄蝶）。

正在吸食閉鞘薑花朵上露水的恆春小灰蝶（雌蝶）。

遊訪臭娘子花間的墾丁小灰蝶（雄蝶）。

產卵過後行日光浴的台灣琉璃小灰蝶（雌蝶）。

無患子。

鐘萼木
Bretschneidera sinensis

吸水中的輕海紋白蝶（雄蝶）。

◆ 鐘萼木科 Bretschneideraceae ◆

　秋季約了友人前往侯洞拍攝鐘萼木的族群，抵達登山口時陽光普照，大花咸豐草及台灣澤蘭花開四處，吸引大量的彩蝶遊戲花間，都快11月了，還是有十餘隻輕海紋白蝶飛舞林間，可見這裡鐘萼木生長分佈的普遍性。我們往山上步行十餘分鐘之後，巨大的鐘萼木一一現身，泛黃的鐘萼木葉片，頗有秋天蕭瑟的味道。回程時，我們在侯洞車站前的麵攤用餐，古早味十足的米粉湯讓人回味再三，一邊又有廢棄礦場，身歷其境回溯到30年前老電影的場景裡，兒時的點點滴滴頓時全湧上心頭。

　如果讀者們想要一探鐘萼木或輕海紋白蝶的真面目，侯洞絕對是一處極佳的選擇地點，何況又有濃厚的鄉土小吃以及青山圍繞伴隨著！

　鐘萼木為鐘萼木科的唯一成員，台灣分佈於台北及宜蘭沿海一帶的山區裡，雖然不常見，族群卻多群生一起。輕海紋白蝶亦見於中海拔山區，如宜蘭思源埡口及桃園拉拉山等，至於這些高地環境是否也有鐘萼木的分佈或蝶隻選擇其他植物維生，就需要進一步的觀察了。

【攝食蝶種】

輕海紋白蝶
Talbotia naganum karumii

遊訪大花咸豐草花朵的輕海紋白蝶（雄蝶）。

於南雅溪流畔與其他粉蝶共同吸水的輕海紋白蝶族群。

鐘萼木。

山豬肉

Meliosma pinnata
subsp. *arnottiana*

◆ 清風藤科 Sabiaceae ◆

在清風藤科植物中，山豬肉的分佈全台可見，甚至到了中海拔山區亦能見到其身影，只是族群多呈零散生長，想要見上一面，恐怕需要花費一些功夫找尋。與山豬肉發生親密關係的蝶類，分別有蛺蝶科的流星蛺蝶、挵蝶科的大綠挵蝶及小灰蝶科的三尾小灰蝶。

流星蛺蝶屬於森林性的蝶類，平常喜愛穿梭在密林中覓尋成熟水果或樹木的汁液。族群分佈廣泛，數量卻不多見。相較之下，大綠挵蝶的族群便顯得龐大些，這種挵蝶科成員有趣的生態習性，如蝶隻於清晨及黃昏特別活躍，幼蟲會在葉片上吐絲築巢等。

至於三尾小灰蝶便算是稀有少見的蝶類了，一般來說，於宜蘭獨立山、北橫巴陵及中橫谷關一帶的山區較為常見，發生期多集中於4～10月間。

正在行日光浴的流星蛺蝶（雌蝶）。

正在吸食芒草上露水的流星蛺蝶（雄蝶）。

產卵中的流星蛺蝶。

【攝食蝶種】

流星蛺蝶
Dichorragia nesimachus formosanus

大綠挵蝶
Choaspes benjaminii formosananus

三尾小灰蝶
Horaga onyx moltrechti

流星蛺蝶的終齡幼蟲。

大樹經典
自然圖鑑系列
19

台灣蝴蝶食草
與蜜源植物大圖鑑（上）

A FIELD GUIDE TO FOOD PLANTS FOR BUTTERFLIES IN TAIWAN (VOL. 1)

◎出版者／天下遠見出版股份有限公司

◎創辦人／高希均、王力行

◎天下遠見文化事業群　董事長／高希均

◎事業群發行人／CEO／王力行

◎版權暨國際合作開發協理／張茂芸

◎法律顧問／理律法律事務所陳長文律師

◎著作權顧問／魏啟翔律師

◎社址／台北市 104 松江路 93 巷 1 號 2 樓

◎讀者服務專線／（02）2662-0012

◎傳真／（02）2662-0007；2662-0009

◎電子信箱／cwpc@cwgv.com.tw

◎直接郵撥帳號／1326703-6 號　天下遠見出版股份有限公司

◎撰　　文／林春吉

◎攝　　影／林春吉

◎編輯製作／大樹文化事業股份有限公司

◎網　　址／http://www.bigtrees.com.tw

◎總 編 輯／張蕙芬

◎美術設計／黃一峰

◎製版廠／佑發彩色印刷有限公司

◎印刷廠／吉鋒彩色印刷股份有限公司

◎裝訂廠／精益裝訂股份有限公司

◎登記證／局版台業字第 2517 號

◎總經銷／大和書報圖書股份有限公司　電話／（02）8990-2588

◎出版日期／2008 年 4 月 15 日第一版
　　　　　　2008 年 5 月 15 日第一版第 2 次印行

◎ ISBN: 978-986-216-112-8

◎書號：BT1019　◎定價／690 元

國家圖書館出版品預行編目資料

蝴蝶食草與蜜源植物大圖鑑 = A Field Guide to Food
Plants for Butterflies in Taiwan／林春吉著. -- 第一
版. -- 臺北市：天下遠見, 2008.04
　冊　；公分. -- (大樹經典自然圖鑑；1019-1020) 含索引

　ISBN 978-986-216-112-8（上冊：精裝）
　ISBN 978-986-216-113-5（下冊：精裝）
　1. 植物圖鑑　2. 蝴蝶　3. 臺灣

375.233　　　　　　　　　　　　97005834

BOOKZONE 天下文化書坊　http://www.bookzone.com.tw

A FIELD GUIDE TO FOOD PLANTS FOR BUTTERFLIES IN TAIWAN (Vol.1)